空间设计中的
照明手法

〔日〕照明学会 编

隋怡文 朱 倩 张立新 译

李铁楠 校

中国建筑工业出版社

著作权合同登记图字：01-2009-5385号

图书在版编目（CIP）数据

空间设计中的照明手法 /（日）照明学会编；隋怡文等译 . —北京：中国
建筑工业出版社，2012.3
ISBN 978-7-112-13892-0

Ⅰ.①空… Ⅱ.①照…②隋… Ⅲ.①室内照明—照明设计 Ⅳ.①TU113.6

中国版本图书馆CIP数据核字（2011）第274178号

Original Japanese edition
Kukan Design no tame no Shoumei Shuhou
By Shoumei Gakkai
Copyright © 2008 by Shoumei Gakkai
Published by Ohmsha, Ltd.
This Chinese Language edition published by China Architecture & Building Press
Copyright © 2012
All rights reserved.

本书由日本欧姆社授权翻译出版

责任编辑：孙　炼　刘文昕
责任设计：赵明霞
责任校对：陈晶晶　赵　颖

空间设计中的照明手法
　　　　　〔日〕照明学会　编
隋怡文　朱　倩　张立新　译
　　　　　李铁楠　校
*
中国建筑工业出版社出版、发行（北京西郊百万庄）
各地新华书店、建筑书店经销
北京嘉泰利德公司制版
北京方嘉彩色印制有限责任公司印刷
*
开本：787×1092毫米　1/16　印张：9³⁄₄　字数：242千字
2012年11月第一版　2012年11月第一次印刷
定价：88.00元
ISBN 978-7-112-13892-0
　　　（21936）
版权所有　翻印必究
如有印装质量问题，可寄本社退换
（邮政编码 100037）

序言
—Preface

当各位读者看到《空间设计中的照明手法》这一书名时，都会欣然接受吧。看上去虽是司空见惯的书名，但站在专业领域的角度来看，却是颇具专业性的。此书是如何的深入专业，就让我来介绍一下，并以此代序。

纵观当今照明的普及，且不说对于建筑，就是对于城市街道，对于各种季节性的纪念活动以及城镇乡村建设，或者是在抗灾救助项目中，照明都在起着重要的作用，这已是日常生活中不可或缺的一部分。如果把按照我们的需要去设置灯光的工作定义为"照明设计"的话，那么"照明设计"可以说已按照我们的意愿，融入我们的日常生活中了。或者可以认为，日本的照明设计在 21 世纪初就已迎来了成熟期。

这样说来,如果现在是照明设计的成熟期,那么照明设计的萌芽期是什么时期呢?也许会有各种各样的说法,但基本上可以说是在第二次世界大战结束时期。战争结束后，人们拿掉了遮挡在垂吊式照明器具上的黑布，让房间亮起来，随后又把垂吊式照明器具换成了环形荧光灯具，这应该就是照明设计的萌芽期吧。

引领时代的先驱者

第二次世界大战后的 20 余年（1945 ~ 1964 年）是照明设计的少年期。此时，日本国民的愿望是从被灯火管制的黑暗中解脱出来，并向往着无限光明的时代。要想获得光明，就必须开发高效率的电灯。大型家电厂商作为追求光明时代的领导者不断地开发照明设备，为家家户户以及商店、公路、街道等整个日本带来了光明。

1965 ~ 1984 年，应该是照明设计的青年期。在此阶段里，曾在大型家电厂商背后的专业照明器具厂商，作为引领时代的先驱者，活跃在整个社会。他们引进世界先进国家的照明设计手法，不断研发出重视设计新颖性的民用住宅照明器具。伴随着住宅建设的高潮期，飞跃性地扩大了市场份额。另外，对于曾以荧光灯为主流的商业设施，提出了摆脱单纯依赖荧光灯的设想，借鉴舞台演出照明效果，利用聚光灯制造所需光影的照明器具。专业照明器具厂商所提出的高品质照明设计和具有戏剧性的舞台灯光照明效果，成为继简单追求明亮的想法之后的照明主题，并逐渐被大众所接受。

不可忽略的是，在作为时代的先驱者而活跃在专业照明器具厂商的内部，有些人是从照明先进国家学到了崭新的新时代照明设计手法的。他们置身于照明器具厂家，针对客户不断提出的各种照明案例，逐渐推出了富于创新精神的照明手法，也相应丰富了自己的设计经验。他们卓越的设计能力很快即被社会认可，不管他们是否期望，以照明器具订单为第一目标的厂商自身体系已无法满足社会对照明设计的需求，随之就诞生了照明设计师这一职业称谓和群体。此前，虽然有广为人知的所谓照明设计大师，但那是具有天赋才能的特殊之例，而作为一般职业的照明设计师，应产生在这个时段。

不久，时代即由昭和进入平成，许多照明设计师在泡沫经济崩溃的逆境中，他们努力脱离开老顾客→建筑师→照明厂商（照明设计师）的上下关系（买卖关系），构建出老顾客←→建筑师←→照明设计师的平行关系（伙伴关系），其成果已成为今日引领照明设计进入成熟期的原动力。发端于战争结束后的照明设计，在仅仅60多年的时间里，经历了通用设备厂商的灯具开发时代、专业照明器具厂商的针对性设计时代、照明设计师的诞生、建筑师和照明设计师伙伴关系的构建等激烈变革时代。

支援伙伴关系的照明用语

"地灯"、"聚光灯"、"触及"，还有"欢迎光垫"、"草原效果"等，这些都是对于熟悉1965～1984年的人来说非常亲切的照明设计用语，但现在这些用语基本上已经听不到了。语言本身就具有随着时代的需要而诞生、发挥其作用后不久即消失的命运。某个领域要想壮大发展，必须由引领时代的先驱者们扩大活动领域，为能与更多的人共同拥有新的价值观，就会创造出各种各样的专业语言。但也有其势过猛之时，过于自以为是，常会引起社会的反感。

1999年，为整理纠正有些混乱的照明设计用语，照明学会设立了以乾正雄为委员长的照明用语调查委员会。经过一年的工作，列举出150多项照明用语。但因未能细致整理，所以就没有向社会公布，但其最重要的原因还是由于这些照明用语仅限于专业领域内使用。

2006年，根据石井弘允的提案，再次成立了规范照明用语的整理委员会。2006～2008年在"照明设计用语调查委员会"小林茂雄干事的提议下，决定整理编辑"支援伙伴关系的照明用语集"。

"支援伙伴关系的照明用语集"，既保留了在照明领域内的认同，又能在建筑、城市景观领域获得接受，是着眼于在更广阔领域使用的目的而整理编辑的照明用语集。

以脱离以往框架为立足点编辑的这本书，如果能够成为成熟期照明设计参考标准的话，将是无比幸运之事。

整体构成

第一章：活跃在第一线的 20 名照明设计师，在建筑师和老顾客之间构筑的伙伴关系图。

第二章：空间可以通过照明来改变，将照明技法和空间效果紧密结合。

第三章：在影响人的行动和人的心理方面，照明所起的作用，设计各种场面，解读相应的照明手法。

第四章：(1) 解读照明设计基础用语（52 项）；(2) 日常使用中易混淆的照明设计用语辨析；(3) 活跃在当下的诸位照明设计师，对照明设计师职业范畴的照明用语持有怎样的见解，以及在实际现场所使用的照明用语有哪些，请诸位设计师分别以亲身感受进行解读。

结语

本书历时十年，由两个委员会通过周密细致的调查研究而编成。本书的发行对其劳作如有所报，深感欣慰。

(1) 照明学会委员会"照明设计手法和用语研究调查委员会"

(1999 年 6 月～ 2000 年 3 月)

委 员 长 　乾　正雄

干　　事 　竹内义雄

干事助理 　小山亚纪

委　　员 　安彦建夫、饭塚千惠里、岩井达弥、远藤哲夫、梶本惠子

武石正宣、富田泰行、野村　脩、本间睦朗、南　幸伸

(2) 照明学会委员会"照明设计用语调查委员会" (2006 年 6 月～ 2009 年 3 月)

委 员 长 　竹内义雄

干　　事 　小林茂雄

2006 年度干事助理 　永井阳子

2007 年度干事助理 　谷内健太郎、山根拓马

委　　员 　赤羽元英、石井弘允、岩井达弥、角馆政英、古贺靖子、小山亚纪、

佐伯智明、武石正宣、武内永记、富田泰行、本间睦朗

竹内义雄　2008 年 8 月

『空间设计中的照明手法』执笔者

目　录
—Contents

第一章　照明设计的构成方式

第四章　照明设计用语

第一章

照明设计的构成方式

照明效果的不同，可以让空间呈现出各种各样的感觉，实际上，照明在建筑和室内装修中占据着非常重要的位置，照明设计师通过多种手法，使空间呈现出各种不同的感觉。

照明设计不仅是一种提供视觉美和必要亮度的条件，它还综合了建筑的理念与设计，考虑其作为一种设施所必备的条件和需求等这些与照明设计密切相关的要素。

在第一章中，我们广泛选取了近年来的 20 件照明设计名作，通过对设计者的访问来将这些照明的设计方案与进程介绍给大家。除了竣工后的照片之外，我们还将展示草稿图、模型、场景模拟等多项研究资料以及向建筑建造方和设计者提交的计划说明资料等，并尝试使用了设计课程中的视觉化讲解法。

1. 梦幻之光／岩手县大野村照明环境治理——空间照明的有效性

照明设计："纸灯笼"照明环境计划
角馆政英

- 2004 年 4 月竣工
- 所 在 地：岩手县洋野町
- 空间用途：街道

空间设计×照明设计

空间理念、要求等	照明设计理念	照明设计要点
• 重新审视现有路灯老化的道路照明环境 • 找出适合该地域（大野村）使用的照明方法	• 提出大野村需要的集防范性、安全性于一体的夜路照明环境 • 明确街道空间的特性，将这些特性可视化	• 重点不在于照亮路面，而是要让路人看清楚街道纵深，提升空间感 • 按照街道的特点配置照明设备，使街道在夜晚呈现出特有的气氛

照明方法·设计概要

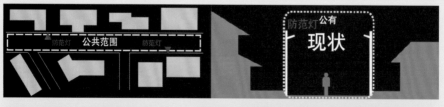

现状

重点考虑用防范灯保证道路照明的均匀性和效率。

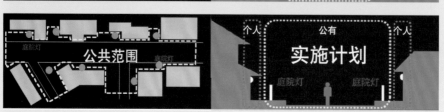

实施设计

为了使路人看清整个街道空间，计划把直到民宅前的部分也作为公共照明范围。

从实施过程看照明设计

◆基本计划阶段　创意草案／现场调查、灯具配置计划／实验、问卷调查等

照明实验情况
在街道上进行实地照明实验，这样可以让全体居民检验照明效果。

……实验时候的感觉是更明亮、更便于行走

在路上做问卷调查时的情景

明亮感

感觉实验时更明亮	36人
不好说	4人
感觉保持现状更明亮	2人

便于行走程度

感觉实验时更便于行走	36人
不好说	0人
感觉保持现状更便于行走	1人

……实验时的照度更低……

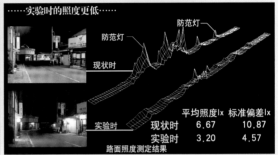

防范灯
防范灯
现状时
实验时

	平均照度lx	标准偏差lx
现状时	6.67	10.87
实验时	3.20	4.57

路面照度测定结果

关于空间照明有效性的问卷调查结果
通过问卷调查得知：在大野村，与道路上相比，空旷地区的"感觉有人"和"看得到深远处"这两个评定项目，是直接关系到人们对夜间街道的放心程度的。
照明实验证明了空间照明是有效的。

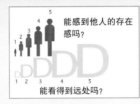

能感到他人的存在感吗？
能看得到远处吗？

◆实施计划阶段　器材选择／型号选择等

器材符号	器材名称	光源	数量				
现有 ●	现有光源	紧凑型荧光灯 25W	40	B1	墙式灯具	紧凑型荧光灯 13W	5
P1	Design ball	紧凑型荧光灯 25W	5	B2	墙式灯具	紧凑型荧光灯 9W	3
P2	杆上门灯	紧凑型荧光灯 25W	34	B3	现有墙式灯具		2处
P3	独立门灯	紧凑型荧光灯 13W	34	F1	脚灯	LED	21
P4	村公所球形灯	150W		S1	聚光灯	150W	6
				AC	室外插座	等于 2KVA	5

◆设计调整・监管阶段　现场的设计调整／施工监管等

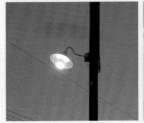

安装好的照明器材
大野村的大部分区域都进行了照明环境治理，实际费用远远低于初期预算。

2. 城镇中生活小路的光环境改造——城市道路赤坂826号线治理方案

照明设计：松下美纪照明设计事务所
松下美纪

- 2007 年 10 月竣工
- 所 在 地：福冈市中央区
- 空间用途：公共空间、道路

自行车存放区域

体育馆区域

公园区域

①②③

图为福冈市舞鹤公园（福冈城址）中的一条全长约300米的民用道路。美丽的道路两旁绿荫环绕，但由于其紧邻单向自行车道，步行者与自行车并行，所以常有剐蹭事故发生。而且到了晚上整条路格外幽暗，令行人感到不安。所以我们需要创造出一个可以让市民安心行走、周边居民能够满意的光环境。

空间设计×照明设计

空间理念、要求等	照明设计理念	照明设计要点
• 预防自行车和步行者之间的交通事故 • 确保行人行走安全、放心 • 提升城镇形象 • 福冈城周边地区既有历史底蕴，又紧邻商业地区。居民们希望能够安装上富有时尚气息的照明器具	• 确保行人的舒适性和安全性 • 能够给行人安全感 • 创造与提升城镇形象相关的光环境	• 用连续的灯光来引导自行车的安全行驶 • 用光来形成视觉重点，引起行人注意 • 针对区域性质用光来营造氛围

从实施过程看照明设计

◆基本计划阶段　掌握现状／调查　确定创意等

我们的照明理念就是按照周围地区机能的不同，将全长为300米的街道分为"自行车存放区域"、"公园区域"、"体育馆区域"这三个不同的区，营造街道的相应氛围。

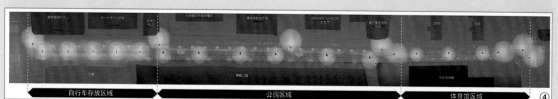

自行车存放区域　　　　　公园区域　　　　　体育馆区域　④

自行车存放区域
人、自行车、机动车的交叉区域。该存放区域以中转停放为目的，因此在这一区域我们要创造出最高的可视性、安全性和舒适性。

公园区域
舞鹤公园中林荫茂密，是一片极具自然色彩的公园区域。只从高处投光是不能满足照明需求的，所以我们配合着从低处投光，创造出既能让行人感到安心，又能体现出这条道路特色的光环境。

体育馆区域
该区域直接通向体育馆的大门口。由于这一区域的自行车道和人行道并行，所以我们要通过光照引导及满足标准来创造出能够确保安全性和舒适性的光环境。

◆实施计划阶段　**器材设计、样式确立／设计监修等**

自行车存放区域　　　公园区域　　　　体育馆区域

柱形灯设计

在各个区域内合理安放人体尺度柱形灯，可使街道的整体气氛有所不同。

· 自行车存放区域的照明要保证整条路道的亮度，因此我们采用了双灯式式柱形灯（左）
· 公园区域的照明则选用了可以让间接光照到树木上的设计（中）
· 体育馆区域的照明是保证行人行走的舒适性和安全性，采用了单灯式柱形灯（右）

◆设计调整·监管阶段

自行车存放区域安装的是 HID70W 的双灯式柱形灯，所设高度正好不会被树荫遮挡光线。

自行车道上，我们在护栏边安装了安全指示灯。绵延的光点对自行车的行驶有着很好的引导效果。

在体育馆区域，我们利用自行车道和人行道的高差，将脚灯安装在人行道边缘，以便照亮行人脚下的路。

自行车存放处

自行车道和存车处的界线用 LED 地灯明确地表现出来，可以让自行车排放得更整齐。

路口附近

为了提高人行横道的安全性，我们采用了蓝色线形 LED 地灯来提示自行车减速。

3. 亚洲高速公路大桥——越南拜斋桥

照明设计：中岛龙兴照明设计研究所 　　　　中岛龙兴、福多佳子 美术设计：KYO+环境、构造设计　竹内KYO 工程师：小宫正久博士（JBSI／日本构造桥梁研究所） 设计与监理：日本构造桥梁研究所、PCI 承包商：清水建设＋三井住友建设合作企业	• 2006年12月竣工 • 所在地：越南广宁省，下龙市，拜斋 • 空间用途：桥梁（国道18号线）

夜景
联结越南首都河内到下龙市的这片地带，是越南北部的开发重点。拜斋桥的开通，使之成为亚洲著名的高架桥，可直通中越边境。桥梁部分全长约900米，作为单面悬吊的斜拉桥，以世界最长的435米中间跨度而闻名。

桥上
三色钢索的颜色将夜色装点得分外美丽。

主塔
八角形断面的主塔轮廓清晰。

白天的风景
钢索非常细，到了白天看起来几乎和周围景色融为一体。

空间设计×照明设计

空间理念、要求等	照明设计理念	照明设计上的要点
• 灵活利用桥梁形态的特点 • 让桥梁与在白天看起来截然不同 • 着重体现出三色钢索的美以及构成整体轮廓的淡紫色钢索	• 为世界遗产下龙湾打造一个夜间标志性建筑 • 着重体现出拜斋桥特有的构造形态，如桥墩、主塔、梁、钢索等 • 避免光污染	• 垂直线：坚实的桥墩与主塔 • 水平线：细长的梁 • 垂直面：彩色钢索 • 利用小型高显色性金属卤化泛光灯来显现以上这些部分细腻精致的效果

照明手段·设计概要

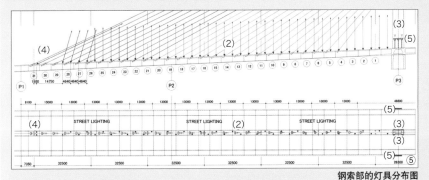

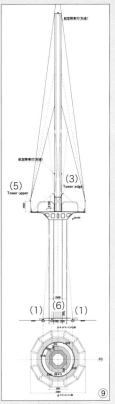

钢索部的灯具分布图

(1) 桥墩：在桥基底部内侧安装 HIT－CE150W（4200K）狭角配光投光器
(2) 钢索整体：在中央分离带中纵向安装 CDM－T250W（4200K）狭角配光泛光灯
(3) 主塔边缘：将 HIT－CE150W（4200K）狭角配光泛光灯安装在主塔侧面
(4) 钢索轮廓：用 HIT－DE250W（5100K）狭角配光泛光灯顺着钢索的方向进行照明
(5) 主塔顶部：在人行道外侧的立柱上分别安装 6 盏 HIT－DE250W（5100K）狭角配光泛光灯
(6) 桥梁下：在桥墩部的立柱上安装 HIT－DE250W（4200K）狭角配光泛光灯

（5）主塔顶部
灯具安装在不妨碍行人的地方。

（2）钢索整体
与道路照明用灯等进行位置调整后，最终呈纵向安放。

（4）钢索轮廓
沿着钢索进行照明，强调突出钢索的轮廓。

主塔—桥墩部配灯图

从实施过程看照明设计

◆**基本计划阶段**　照明计划提案（配灯、重量·容量计算、布线·布管计划）等
◆**实施计划阶段**　光源·器材变更、照度计算、场景模拟、与路灯进行配合、实验等
◆**设计调整·监理阶段**　最终调焦

场景 2
20：00 前，还未向钢索上投光时的景色。

调光场象
桥身全长约 1 公里，用了两个晚上进行调试。

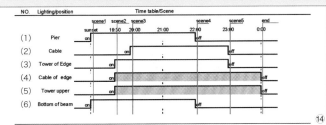

场景设计图
着重体现桥体的构造，按照桥墩·桥梁—主塔—钢索的顺序开灯。

场景 4
22：00 之后，隐去了桥墩与桥梁体部分的景象。

4.映射出都市活力的地标之光——女神大桥

照明设计：Tomita・Lighting Design・Office

富田泰行

- 2005 年 12 月竣工、2006 年 11 月照明最终调整
- 所 在 地：长崎县长崎市
- 空间用途：桥梁

基本照明　平常时段（傍晚）日落～ 21：00
基本照明由傍晚／夜间／深夜三个时间段组成，随着夜色渐深光照会慢慢减弱。

效果照明　活动场景（特殊样式）
效果照明中共有八种配合不同活动的照明场景，多用于年度活动中。

空间设计×照明设计

空间理念・要求等	照明设计理念	照明设计上要点
• 将桥体打造出从海边、山上或城中都能看得到的美轮美奂的效果 • 充分考虑海上交通的安全性 • 充分考虑桥体维护问题	• 表现出一座城市建筑物的标志性 • 表现出观光城市的特点 • 对城镇活动的时间变化起到引导作用	• 让主塔和两对斜拉面在照明的作用下呈"翅膀"状 • 桥梁部分的"连接"照明 • 配合不同的时间、季节与活动，打造多种照明效果

照明手法・照明设计概要

基本照明　平常时段（夜间）21：00 ～ 22：00
钢索照明、桥梁内侧照明熄灯。22：00 ～ 23：00主塔的照明只亮顶部。

近景（从近处向上仰视）
充分利用桥梁的形态和色彩，创造出纯净的光线效果。

远景（从稻佐山观望台俯瞰）
为港口创造一个全新的、更具代表性的地标性建筑物夜景。

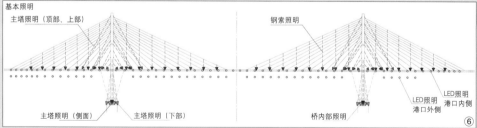

基本照明的种类及位置示意图
利用桥梁的形态和色彩，我们安装了主塔、钢索、桥梁内侧的各部分照明。为了配合基本照明和效果照明，LED 也被列入了计划之中。照明设备概要如下。
- 泛光灯：700W、1000W 超狭角、狭角、中角 抗盐蚀、抗风特别定制加工＋特别定制遮光罩 主塔照明 104 台、钢索照明 60 台、桥梁内照明 12 台、总计 176 台
- LED 特别定制器材：25W RGBLED 装置抗盐蚀、抗风处理，朝向港内侧基本照明 51 台、效果照明 68 台、港内侧用灯 119 台、港外侧基本照明 44 台、总计 163 台。
- 综合控制台：LED 控制器、太阳能计时器 1 套

从实施过程看照明设计

◆初步设计阶段　设计依据·地域环境·对现场情况的了解、确立照明设计的框架及方向

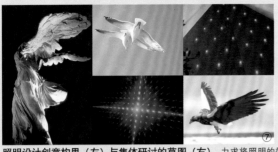

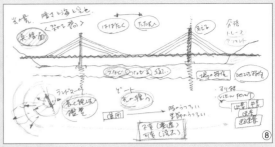

照明设计创意构思（左）与集体研讨的草图（右）　力求将照明的效果和表现手法统一起来。

◆深化设计阶段　对安装器材、器材样式、照度、亮度、观察位置、运行方案等进行研究

照明场景：平日傍晚

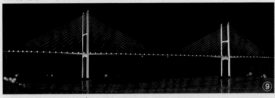

照明场景：平日夜晚

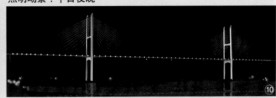

照明场景：平日深夜

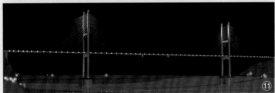

照明场景：活动时

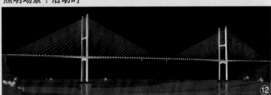

通过 CG 场景模拟进行照明场景研究　把基本设计具体化成图像来进行研究。

◆设计调整·监理阶段　具体的运行方案·平日和有活动时的详细方案·年度的运行计划研究、产品检查、监管、委员会出席等

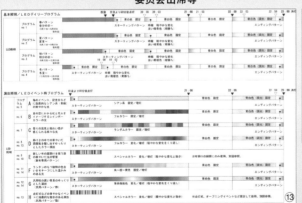

▶运行实例

◀开灯方案

在整个计划中，泛光灯和 LED 照明器材被使用在整年的日常照明方案和有活动时的照明方案中。上表中的年度运行案例是第一年的照明计划，是按照长崎县每年的活动而列出的。

勘察观景位置
检查方向、距离和可视性。

泛光灯的调试工作
很多工作人员在逐个调试。

LED 器材的确认工作
在白天进行对安装情况、方向、电路的确认等。

从船上目测实验
由大量相关人员在航路上进行确认。

5. 光带来的热情友好——东京国际机场 羽田2号航站楼

照明设计：内原智史设计事务所 　　　　内原智史 建筑设计：MHS·NTT Facilities shisaberi 合作企业 美　术：千住　博	● 2004 年 12 月竣工 ● 所 在 地：东京都大田区 ● 空间用途：机场航站楼

竣工照片
左上起：登机手续办理大厅、通道、旅客到达大厅、特许营业场所（商店大厅）、光塑造的电梯。
左下起：旅客登机大厅、特许营业场所的庭院式外观、登机手续办理大厅。

空间设计×照明设计

空间理念·要求等	照明设计理念	照明设计要点
● 呈现一个能体现机场航站楼功能、并为包括商业空间在内的服务区域提供照明的全新设施 ● 灵活应对各种空间，制定经济的照明计划	● 通过照明制造出热情友好的感觉 ● 与新机场的国际窗口形象相符合的光环境 ● 充分考虑维护保养，提高性价比	● 通过照明形成机场功能的引导 ● 利用对建筑空间的照明，强化人对建筑的尺度感

照明手法·设计概要

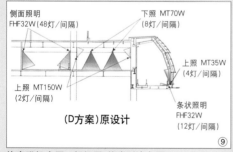

侧面照明
FHF32W（48灯/间隔）

下照 MT70W
（8灯/间隔）

上照 MT35W
（4灯/间隔）

上照 MT150W
（2灯/间隔）

条状照明
FHF32W
（12灯/间隔）

（D方案）原设计

⑨

旅客到达大厅

强调照明功能性，要求灯具效率高，但要求空间具有丰富的照明效果则与此形成矛盾。

这次我们的计划，就是要把原有的机场设施进行全新改造，包括全部的设备。照明也是其中重要的一部分。

旅客登机大厅·候机厅 旅客到达大厅

登机、到达及行动路线均呈完全分离的第二航站楼。不再使用地面照度均等的照明，那么接下来我们应该用怎样的照明迎接旅客呢？针对这个问题进行了首次协商。

由于是维护保养级别较低的布局，因此灯泡的更换也很简便。

⑩

从实施过程看照明设计

◆初步设计阶段　创意草案／与相关人员达成意见统一

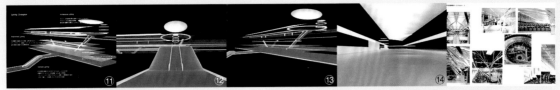

创意·通过 3D 技术构建视觉影像

在巨大的空间中考查照明效果。通过简洁的视觉图像构建初期的统一意见，并与国内外其他机场设施使用效果和数据进行比较、论证。

通过 3D 模拟影像等手段呈现出的创意图像

初步设计阶段所绘制的图像，可以从空间效果和功能性等观点出发，与客户及合作设计师们协商光的构成要素。

◆实施计划阶段　照明手法研究／经济性评估／通过足尺模型进行确认等

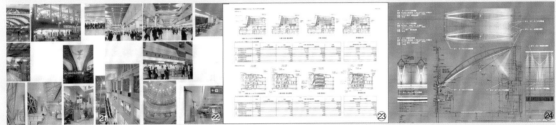

经济性评估 1

与关西机场·羽田第一航站楼进行比较研究，内容涵盖了从荧光灯的数量到其效果等多个方面。

经济性评估 2

对新计划和过去的原始运营成本进行缜密的比较研究。

旅客登机大厅　完成比较

在同比的空间内安装了等量的荧光灯。通过灯光的布局，带来更好的视觉引导性和环境照明效果。

通过足尺模型进行确认

通过足尺模型来对光照效果进行确认。这是对空间、被照物和光进行综合检验的一个重要步骤。

◆设计调整·监理阶段　现场考查／设计调整

现场演示

在竣工前，贴砖完毕后现场演示仍继续，客户和相关人员共同商讨，照明再次显示出它的重要性。

艺术品

在艺术品的研讨、制作和安置的同时，也对灯光进行查验。

6. 用真实生动的三维CG来查验——D'Grafort札幌站前塔楼

照明设计：Light Scape Design Office
东宫洋美、山田圭太郎
建筑设计：大和建筑工业·大成建设一级工程师事务所

- 2007 年 3 月竣工
- 所 在 地：北海道札幌市
- 空间用途：公共住宅、事务所、店铺、
  儿童福利设施、车库

外观（傍晚时分） 矗立在 JR 札幌站北口的高层建筑，占地约 5500 平方米，高 143 米。作为全新的地标性建筑，它给札幌的街道带来了新的景观和时代感。

空间设计×照明设计

空间理念·要求等	照明设计理念	照明设计要点
• 北海道境内的制高点 超高层大厦 • 以站前再开发来制定出对街道环境有所贡献的计划 • 富有质感的优雅时尚的住宅楼大厅	• 创造全新的地标性建筑物 • 通过光线的反差在楼体外观上体现出夜晚的柔和与安心感 • 在夜晚的街道上显现出有人居住的感觉	• 顶部：塑造标志 • 低层部分：光的分布 • 入口处：体现材质 • 配合时间的场景设计

照明手法·设计概要

外观 为了用光体现出建筑物的功能性质，我们设计了同种样式但有七种不同光分布的壁灯。

住宅楼大厅 为了使内装的质感和整体空间看上去能够使人印象深刻，达到最美的视觉效果，我们在适当的地方点缀上闪亮的照明与间接照明设备。

顶部 为了使其高耸入云的存在感更为强烈，我们把直升机停机坪设计成了闪耀在夜空的北斗七星的样子，其整体感觉会根据时间的不同而变化。

从实施过程看照明设计

◆**基本计划阶段** 照明设计的 CG 模拟影像 ／ 器材·光源的确认实验等

通过 CG 模拟来对照明手法·灯光排布等进行研讨

输入光源和器材配光的数据，计算照明效果，以生动真实的 CG 进行研讨。计算结果对于工程委托方也很有说服力。从对照明设计负有责任这个角度来说，CG 模拟是一个很重要的过程。

外观（南侧）

（东侧）

（南侧柱廊）

入口处大厅（傍晚景色）

顶部（南侧）日落 ～ 22：00

22：00 ～ 1：00

1：00 ～ 日出

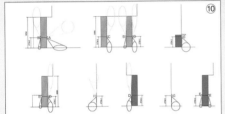

配光的分类
根据安装地点，壁灯有多种配光计划。

光源与器材的确认
对所使用的光源和器材的全部实物进行确认
（没有配光的器材不得使用）。

◆**实施计划阶段** 定制器材的设计 ／ 现场试验等

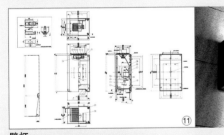

壁灯
将不同配光的器材统一成同种设计。

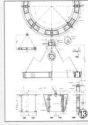

吊灯
设计出的器具，将通过足尺模型进行确认。

光源
（钻石灯 Jewel—eye）
为了使入口处的
地面看起来更绚
丽，我们采取了
此种光源。照在
石头地面上非常
漂亮。

现场试验
顶部的照明器材
所产生的效果，
由委托方、建筑
设计师以及其他
所有相关人员进
行共同确认。

◆**设计调整·监理阶段** 设计监理 ／ 现场调整等

现场调整 *最终各时段照明调整。*

7. 迎接四海宾客的和风之光——京都迎宾馆

照明设计：Lighting Planners Associates
面出　薰、泽田隆一[*]、早川亚纪[*]（[*]原工作人员）
建筑设计：日建设计

- 2005 年 7 月竣工
- 所 在 地：京都府上京区
- 空间用途：迎宾设施

门（左上图）：为了创造优雅的迎宾环境，选用了亮度适中的迎宾照明。
环抱池塘的建筑物正面图（左下图）：光映在水面上。
回廊（右图）：功能照明使用了 70mm 口径的光纤照明。

空间设计×照明设计

空间理念·要求等
- 为了塑造一个具有现代感的和风建筑，我们积极利用最新的材料和技术，并用现代的感性结合传统的技能加以灵活利用。
- 致力于建筑与周边环境和景观的和谐，并要充分考虑到它作为迎宾设施的便利性和舒适性

照明设计理念
- 迎接四海宾客的灯光
- 运用最新的照明技术以确保舒适性，这项技术低调地呈现了"和风之光"的主题。

照明设计要点
- 创造出和风所需的五种光照氛围
- 表现出丰富的渐变感
- 多用透射和反射
- 重视季节以及一天中的变化
- 吸引客人们移动的视线
- 灵活利用自然光的魅力

照明手法·设计概要

回廊
从隔扇中透射进来的自然光与人工照明非常和谐。

门厅
沿着外墙安装的灯笼与内部照射出灯光的门厅设计。

和室
映照在隔扇上的自然光和地板上的灯笼形成了好似太阳与火一般的对比。

晚餐室
以折纸为主要理念设计出的可移动式吊灯，内有四种不同的光源。可自由升降，共有十五种不同变化。

会谈室
光纤照明。可以与自然光相配合，选择色温和适合会议的各种亮度。

大客厅前门厅
低位置的灯笼和壁龛的光影相互辉映，形成了美丽的层次感。

从实施过程看照明设计

◆基本计划阶段　创意草案　照明手法研究　定制器材·光源的选择等

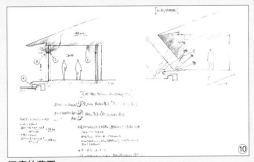

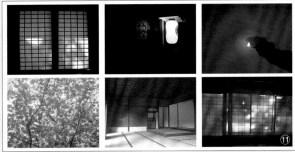

回廊的草图
通过绘制各空间的照明场景草图，来设计光环境。

创意拼贴（局部）
在基本计划阶段的演示中，我们用大量的照片来表达"创造出和风所需的五种光照氛围"。

◆实施计划阶段　照明效果模拟／照明器材设计／试作研讨等

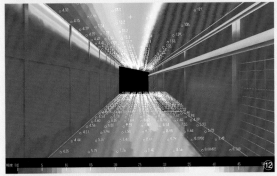

照度分布模拟
通过照度分布的色彩模拟，探讨有关回廊的顶棚间接照明问题。

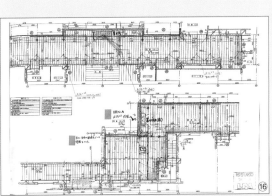

晚餐室"立体隔扇的发光顶棚"
我们试做了一组三层立体隔扇的样品，可以通过升降以及各种不同的调光组合，创造出多种顶棚样式，以此确认光线所带来的各种气氛。

◀一楼回廊的照明计划研讨资料
在建筑的平面详图上画出照明效果草图，来研讨应使用器材及安装地点。

◆设计调整·监理阶段　现场确认·实验／调试／调光操作等

现场确认·实验
随着施工的进行，现场确认以及现场照明效果确认实验等也都在同时进行。

调试
在竣工现场，对设置进行确认，对器材做出调整。

8. 与建筑共生之光——日本国立新美术馆

照明设计 & 建筑设计：黑川纪章建筑都市设计事务所・日本设计联合企业集团 照明顾问：岩井达弥光景设计 岩井达弥	• 2006 年 5 月竣工 • 所 在 地：东京都港区 • 空间用途：美术馆

外观的夜景　由强调各种构造要素的光线组成。建筑整体在夜色中十分显眼。

空间设计×照明设计

空间理念・要求等	照明设计理念	照明设计要点
• 位于市中心，绿荫环绕的"森林中的美术馆" • 希望在没有藏品的多功能展厅中制造出明快的气氛	• 打造一个与建筑融为一体的光环境 • 着重体现中庭的亮度平衡，更好地体现出它的立体感和开放感	• 中庭整体都统一使用冷色调光线，大厅和入口则着重体现白色 • 展示室里通过顶棚上的间接照明来保证亮度

照明手法・设计概要

中庭内墙面
光线从木质百叶窗板的后面透出，通过涂层反射扩散，营造和谐氛围。

倒圆锥形大厅
利用暖色调光线来体现它极富特点的形状。

展厅顶棚
在木框状吊顶的顶棚上实施间接照明，打造一个均匀光照的环境。

从实施过程看照明设计

◆ **基本计划阶段**　创意草案／照明布置·想法提案／照度研讨·实例论证等

⑤

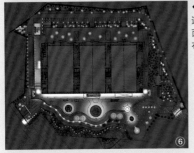

⑥

◀▲照明布置方案
通过素描图提出建筑外观立面照明效果以及光照的平面布置构思。

通过模型验证▶
在展厅的照明设计中，通过实例论证和模型实验的方式来对照度、角度、效率等进行详细验证。

⑦

◆ **深化设计阶段**　照明方法的研讨／检查照明效果／CG 模拟效果等

⑧

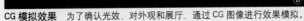

⑨

CG 模拟效果　为了确认光效，对外观和展厅，通过 CG 图像进行效果模拟。

◆ **设计调整·监管阶段**　足尺模型·现场实验／现场检验施工等

⑩　⑪

中庭内壁面足尺模型实验
为了确认所选灯具和被照面的反光特性、维护方法等，进行足尺模型实验。

⑬　⑭

倒圆锥形核心部分的现场实验
利用施工后的核心部分构造体，现场进行照明效果的验证实验。

⑫

◀▲展厅内的足尺模型实验
在考察照度分布的展厅内，用四套足尺模型进行实验，得出最终照度效果。

⑮

9. 联结历史与未来——九州国立博物馆

照明设计：近田玲子设计事务所
　　　　 近田玲子、高永　祥
设计与监管：菊竹·久米设计合作集团

● 2005 年 3 月竣工
● 所 在 地：福冈县太宰府市
● 空间用途：博物馆

室内（综合区域）
竣工照片　建筑整体效果看上去像是一个更大的建筑盖住了这栋高为 5 层的展示楼。

▲航拍照片
博物馆位于绿荫环抱的山丘上。
②

外观
我们力求创造出一个室内外统一的空间。
③

空间设计×照明设计

空间理念·要求等
- 博物馆位于太宰府天满宫附近。对有着悠久历史、神圣的天满宫，我们想要通过 LED 给博物馆设计出未来感。
- 室内外融为一体的空间

照明设计理念
- 在这个联结历史与未来的地方，创造出时光穿梭的光线效果。
- 利用自然光制造出宽阔感，并且要尽量不影响可视性

照明设计要点
- 有和谐感的五种光环境
- 有自然气息的光环境
- 用光将内外联络起来
- 让建筑物通过光来呼吸
- 充分考虑节能

照明手法·设计概要

④

⑤　　⑥

▶外观
利用嵌地式的 LED 灯光来连接内部感受和外部。玻璃墙面上也装有 LED 灯，光透出到外面，成为建筑正面上的亮点，从里面则可以感受到它照射到反射玻璃上所形成的映像所带来的美感。

▶时光隧道
在狭长的隧道里安装彩色的 LED 灯。根据季节和气候的不同，分别用灯光来表现四组不同的故事情节，每 60 秒钟变换一组。

⑦

▲综合空间
位于中心位置的集合大厅墙面，在墙体空腔内安装了卤化金属灯，成为一面光墙。地面照明则选用了聚光灯。大胆地展现了整体结构，打造出了富有动感和开放感的光环境。

从实施过程看照明设计

◆基本计划阶段　现场调查／创意草案／照明基本设计／通过模型研讨等

◀现场调查

依据现场的特点，研讨所需照明的类型。

照明分区规划▶

把对象区域分成几部分，理清对于光线设计的思路和创意。

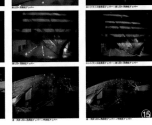

▶模型实验

通过向建筑模型内打光来研究照明方法。在平视角度的场景中可以确定真实生动的光环境。

◆实施计划阶段　设计变更的对策／确定细节部分／现场实验／估价调整等

◀现场实验（确定细节部分）

对照明进行调整，使光墙上不会映出构造体的影子。

现场实验（确定调光程序）▶

工程委托人和设计者会面，一同商定光线变化的速度和颜色等问题。

◆设计调整·监理阶段　调整投光灯的角度等

调整投光灯的角度

竣工后，在外部对照射树木的投光灯进行角度调整（照片左），在屋内对地面照明用的投光灯进行角度调整（照片右），整个照明项目即告完工。

10．动态的自然光再现——"Price Collection若冲与江户绘画"展

灯光设计：东京国立博物馆 设计工作室负责人
木下史青

- 2006 年 7 ～ 8 月展览
- 所 在 地：东京都台东区
- 空间用途：博物馆

展览厅
宽阔的大厅内展示着江户绘画的展台布局显得很宽敞。投向每幅作品上的照明也随之变化。

空间设计×照明设计

空间理念·要求等	照明设计理念	照明设计上的要点
• 利用渐变的自然光，还原在 Joe D．Price．邸展览时的光环境 • 展览中无玻璃柜	• 通过人工照明创造出自然光的效果 • 用光线表现出画作的各种不同感觉	• 针对每个作品特点采取不同的照明 • 利用调光创造变化的光环境

照明手法·设计概要

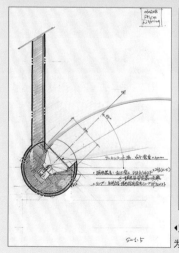

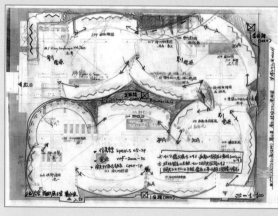

◀**照明计划概要**
针对每个作品的不同特点，制定缜密的照明计划。由于场内没有玻璃展示柜，所以照明布置的自由度也大大提高，可以采用更大胆的照明手法。

◀**定制荧光灯器材**
为使绘画有效受光，我们设计了使用狭角配光荧光灯器材的照明装置。

从实施过程看照明设计

◆基本计划阶段　创意草案 ／ 展览环境调查 ／ 定制器材·光源设计等

Joe D. Price 邸绘画鉴赏室（洛杉矶，外观）
安装可以遮挡直射天然光的挑檐、百叶窗、隔扇，它们可以配合太阳的高度调节光线，使人们能够更好地欣赏江户绘画。

（室内）　感受委托人提议的"适合欣赏日本绘画的光线方法"。

◆计划实施阶段　展示·照明安装详细计划 ／ 调光实验等

调光实验
在东京国立博物馆的展品上进行照明效果确认实验。对调光场景进行研讨，将结果反映在展示台和照明设计上。

◆设计调整·监理阶段　调试 ／ 调光操作等

调光操作
系统的场景编程启用了 8 台调光盘。将色温不同的荧光灯与带透镜的卤钨投光灯组合在一起。再现白天的白色光和傍晚的橙色光与左右不同的时间轴的调光过程相结合，产生独特的"动态光"，考虑到观众在画作前的停留时间，我们把调光循环设置在 40 秒左右。另外，在"幽灵"的画作上，还有"晃动的光效"和"血雨腥风的光效"，能体现出它独有的气氛。

通过动态照明，每幅绘画都能展现出多种不同的感觉。

11．令人激动的展示空间——川崎 冈本太郎美术馆

照明设计：ICE 都市环境照明研究所
　　　　　武石正宣
　　监督：平野晓臣

- 1999 年 2 月竣工
- 所 在 地：神奈川县川崎市
- 空间用途：美术馆

照明与映像的结合　半圆形透视背景上重叠着"映像"和"雕刻之影"。①

空间设计×照明设计

空间理念·要求等	照明设计理念	照明设计要点
• 舞台设计可以令人切实感受到冈本太郎 • 能感受时间流逝的美术馆	• 在美术馆迷宫般的空间内体现出时间的变化 • 打造切实感觉舒适的空间 • 有生气的展示空间	• 各种要素不断变化的光线组合 • 照明与映像的结合 • 大胆使用美术馆照明中一贯忌讳的彩色光等

照明手法·设计概要

入口处空间（脸的浮雕）
将光线打到对面的墙上，让红色的光线轻柔地反射到浮雕和墙壁上，并辅助使用光纤。②

主雕刻群（树人）
投光灯、可调式投光灯、天幕顶灯、光纤和卤钨灯间接照明互相组合，使空间的整体感觉不断变化。③

从实施过程看照明设计

◆基本计划阶段　创意研究／CG 效果模拟等

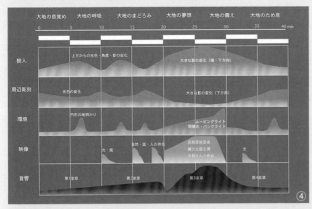

④

时间轴提案
图表中所示内容为：由光、映像和音响所组成的一个 40 分钟的故事情节。

※ 关于发表的资料
通过有故事情节的图表和典型性场景的 CG 效果图来展示设计创意。

【打造空间】
×
【时代·科技：社会形势】
×
【访客的形象：
如果自己是观众，你想怎样看呢？】

通过以上这三点，创意当即就被敲定，公布资料（图画和 CG 等）为了解释说明这些创意而以书信的形式呈现出来。

⑤

⑥

⑦

CG 效果模拟　变幻出多种不同光线，并与映像结合，创造出富有动感的场景。

◆实施计划阶段~设计调整·监理阶段　和映像一起调整／实验／编程等

与映像组进行商议，通过实验来确定场景。在无法做出足尺模型的情况下，在调整阶段可弄清现场的完成作品和预期效果的差别。

⑧

⑨

⑩

▲**光线效果的惊喜**
作品《脸的浮雕》通过可调式投光灯，使其映像在会场内环绕，令人有观看自己的雕刻之感。作品下方红色的光线使得观众的身影也成为创造空间的一部分。

◀**具有时间轴的光线**
颜色与光量依照太阳落下的速度变化。

12．感受之光——南方熊楠彰显馆

照明设计：Lighting M
　　　　森　秀人
建筑设计：I.D.A

• 所 在 地：和歌山县田边市
• 空间用途：展示、学习室、收藏库、交流·
　　　　　　阅览

入口大厅　与白天的光环境截然不同，给整体空间一种光集中在白色灰浆墙上的印象。

建筑的内部与外观　所有的光，使人感受到各种建筑元素所创造出的不同空间。这就是照明设计。

空间设计·照明设计

空间理念·要求等	照明设计理念	照明设计要点
• 使用当地的木材和灰浆墙，塑造茶室般的日式建筑 • 以木质构造为主要构思的建筑空间	• 融入空间的照明构思 • 巧妙地表现日本特有的元素 • 不仅仅是"明""暗"，还要创造"感受光的空间"	• 通过提高墙面和顶棚的亮度来构成光环境 • 巧妙利用丰富的自然光 • 一个灵活的富有柔和感照明系统

照明手法·设计概要

展示空间与入口大厅 利用间接照明与聚光灯，展现建筑的材料。楼梯天井的部分使用了金属卤化物灯（35W），较低的部分采用了卤钨聚光灯。

从实施过程看照明设计

◆基本计划~实施计划阶段 创意草案／照明手法研讨／配灯计划等

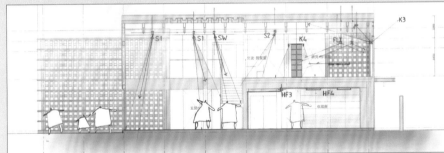

◀利用剖面图表现光线
为了布置光线，通过剖面图来确定照明手法以及照明系统。

◀通过模型进行研讨·设备图纸
与建筑设计者在模型和图纸的基础上进行商谈，敲定照明设计。

设备图纸▶
必须进行校对。

◆设计调整·监理阶段 照明器材安装／确定完工／调焦等

◀调光 在现场通过调光指示来完成。

建筑照明中的现场监理，要根据建筑工程来决定与混凝土相关的照明以及建筑照明的安装、施工等事宜。其中最重要的任务，就是再次确认建筑的施工、完成情况，而后确定照明手法和照明器材。不停重复这个过程。最终得以在现场完成"光的感受"。

13. 柔和之光 "与自然光共生" ——日产先进技术开发中心

照明设计：Iris Associates
小野田行雄、竹山枝里
建筑设计：日本设计
施工方：清水建设

- 2007 年 5 月竣工
- 所 在 地：神奈川县厚木市
- 空间用途：研究设施

入口大厅
白天能够射入大量自然光的宽敞通风空间。
以富有活力的具有开敞感的照明效果迎接宾客。

空间设计×照明设计

空间理念·要求等	照明设计理念	照明设计要点
• 绿荫环绕的多功能办公空间 • 带给员工舒适感的工作区	• 塑造出一种空间，使人们全天都可以非常自然地感受到与时间流逝共同变化的光线。 • 节能、环保 • 追求功能美	• 追求整体空间所必需的光线，不做装饰 • 调整好人工光和自然光之间的平衡 • 作业与环境照明

照明手法·设计概要

中央大厅
在通向各个房间的这一通道区域，我们选择了刺激感较弱的 "回归中性之光"。

入口大厅的照明设备
用富有功能性的光迎接宾客。既考虑到顶棚的高度又兼顾保养维修。

阶梯工作区域的光线
在阶梯形的办公室里，我们采用了有投光灯和壁灯的作业与环境照明系统。

从实施过程看照明设计

◆ 基本计划阶段　创意草案／确定照明构思等

 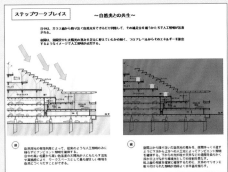

创意说明资料（左）
有关整体照明计划创意的说明"人、建筑与自然共生"，是一份提供给相关人员的演示资料。

阶梯工作区域的光照（右）
办公室这一主要区域的光环境构思，说明分成了昼夜两个不同的部分。

◆ 实施计划阶段　照度计算／器材设计·确定型号／现场实验等

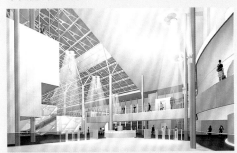 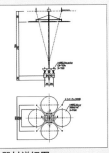 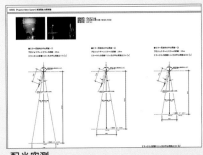

利用 CG 来模拟光环境
入口处的光环境模拟图由多个部分构成。

器材详细图
入口处的照明器材设计图。

配光实测
实测入口处照明器材的配光特性。

现场实验
在主要的空间里，都会在现场进行验证照明效果的实验。

通过足尺模型确认
对足尺模型进行确认，研讨最终的器材形状和配置方案。

特殊定制器材草图
随着照明手法的改变，我们设计了特殊定制器材。

◆ 设计调整·监理阶段　调试等

调试
对聚光灯这类可改变照明方向的灯具，将在安装后进行调整，完成整体光环境的配置。

14. 梦幻之塔——日本工业大学百年纪念馆

照明设计：LIGHTDESIGN INC.
　　　　　东海林弘靖
建筑设计：日本工业大学小川研究室　小川次郎
施工设计：金箱构造设计事务所

- 2007 年 10 月竣工
- 所 在 地：埼玉县南埼玉郡宫代町
- 空间用途：大学

夜间外观　标志性的光塔，犹如海市蜃楼一般浮现在夜空中。①

空间设计×照明设计

空间理念·要求等	照明设计理念	照明设计要点
• 让这标志性的玻璃塔成为夜间的"梦幻之塔" • 一座拥有图书馆、食堂、美术馆、小礼堂的纪念馆性质的设施	• 打造一个像海市蜃楼般耸立着的光塔 • 创造出能够给人留下深刻印象的美丽景色 • 没有阴影的图书馆光环境	• 利用间接照明照亮顶棚 • 统一所有光源的色温 • 正门的夜景，要与建筑设计者一起研讨所需材料

照明手法·设计概要

图书馆　书架上方安装了间接照明所用的光源。光线通过高高的顶棚反射、扩散，实现一个没有阴影的光环境。②③

从实施过程看照明设计

◆基本计划阶段　创意草案·公共／照明手法研讨／配灯计划／对建筑方的要求等

④

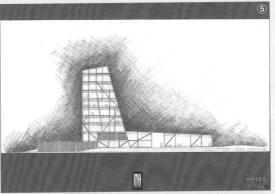
⑤

通过建筑模型进行研究
一边对照模型与实例照片一边与建筑设计者开会讨论，从而得出关于照明的统一意见。

塔楼的照明想象草图
由于每一层的顶棚都有照明，所以玻璃塔楼的整体都在发光。

⑥

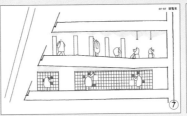
⑦

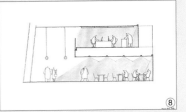
⑧

照明手法的草图　在把器材的配置和型号这些问题搞清楚之后，将其绘成草图，以便向委托人做出说明介绍。特别是在长周期的工作中，把它作为动工后的确认资料也是很有效的一种方法。

◆实施计划阶段　效果验证实验／出席现场例会／对应建筑设计的变更等

⑨

◀利用足尺模型来研讨施工材料
由于所选材料为玻璃，所以我们要向足尺模型内打光，进行效果实验。

细节草图▶
确定间接照明的安装方法。

⑩

⑪

◆设计调整·监理阶段　照明器具的角度调整／确认调光场景等

⑫
⑬

美术馆及大厅的照明调试
竣工后，我们对安装在美术馆的聚光灯的照射方向，以及大厅的调光系统做出调试。

15. 融合光的功能与内涵——多摩大学全球性研究学院新校舍

照明设计：稻叶　裕、鸟居龙太郎
建筑设计：设计组织 ADH　渡边真理、木下庸子
施工设计：前田建设工业

- 2007 年 3 月竣工
- 所 在 地：神奈川县藤泽市
- 空间用途：大学

▲学生休息室　　　　　大教室（上）▶
　　　　　　　　　　　图书馆（中）
　　　　　　　　　　　入口大厅（下）

◀外观
建筑内部的光线透出到外面。统一
所用光源的色温。

空间设计×照明设计

空间理念·要求等	照明设计理念	照明设计要点
• 为适当控制学生们的活动，设计成外部可见的透明样式。 • 教室的周围以走廊环绕起来 • 墙上镶嵌有英文的名言警句	• 传递"从内部到外部——从校园到全球化世界"这样的理念 • 不使用过多的手段去阐明规则	• 从建筑内部照向外部的间接照明 • 用透光板形成发光顶棚 • 确保照度

照明手法·设计概要

二层的中型教室
小型、中型教室中都有透光板材构成的发光顶棚。

走廊
在有透明感的铝材墙壁上实现了间接照明。

从实施过程看照明设计

◆**基本计划阶段** 创意草案／确认照度／向委托方进行展示等

◆**实施计划阶段** 照度计算／配灯计划／安装细节研讨等

大教室的照明细节研讨
绘制多张草图来讨论照明方法和安装方法的细节。

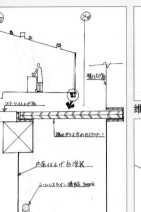

维护方法的探讨

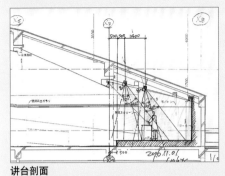

讲台剖面

讲台的嵌地式照明横截面

间接照明的安装详图

◆**设计调整·监理阶段** 调试／照度调整等

通过足尺模型来进行确认（右侧草图为示意图）
通过足尺模型来研究照明的安装和效果。

通过现场实验进行研讨 在主要空间里，现场进行检验照明效果的实验。

◀**与顶棚材质相符的安装确认**
找到与顶棚材质相符合的小型投光灯。

大教室中的调试过程▶
用投光灯定位器等可以确认照射方向的器材，在安装完毕后进行调光，完成整个光环境的布置。

16．卖场与流线的明确分离——有乐街丸井百货公司

照明设计、外观设计与店内环境：伊藤达男照明设计研究所 **伊藤达男** 室内设计 & 照明设计管理：aim—create L.D 施工方：三菱地所设计　　环境设计：INFIX	• 2007 年 10 月竣工 • 所 在 地：东京都中央区 • 空间用途：大型商业设施

外观（左上）　对于外观照明，提出初步方案。
一层（左下）　采用闪亮材料，创造出令人印象深刻的入口大厅。
八层（右）　明确地将卖场和流线的照明区分开来。

空间设计×照明设计

空间理念·要求等	照明设计理念	照明设计要点
• 塑造出舒适放松的环境氛围 • 在空间多使用绿色植物 • 减少 20% ~ 30% 电量的节能计划	• 设计能够让人无意识中感受到自然的照明效果 • 重点不仅是卖场本身，还要保持和周围环境的协调 • 照明设计重点在控制基本照明	• 使人们在慢慢行走的时候就可以自然舒适地体会到灯光所带来的变化 • 配合内装材料的质感，转换照明手法 • 尽可能消除 A 工程（主体工程）中所设置照明的影响

照明手法·设计概要

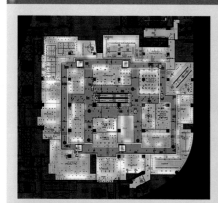

配灯计划与布光示意图（六层）
每一层的照明设计，都是在与楼层设计构思、内部装饰材料、环境设计、店铺装修设计等各方面的协商中所决定的。六层的流线顶棚和地板都采用了亮度较低的材料。外墙间接照明部分与吸顶灯亮度的对比恰到好处，呈现出了和谐的照明空间。

六层的照明设计
• 位于流线上的小型中心花园的照明与顶棚接缝处的照明有效地呈现出电影中连续镜头般的效果。
• 低照度保持了较低的亮度与良好的质感之间的平衡。
• 吸顶灯的光源采用了 HCI–T（3000K）柔光吸顶灯（注：此处为 glareless down light）。

从实施过程看照明设计

◆ **基本计划阶段** 创意草案／倾听委托方的意见／平面照明布置等

室内装饰效果CG

照明效果CG

◀ **创意草图**
与楼层设计理念相呼应，确立照明设计理念。

▼ **光源的查验**
以主要的内装完工样品和CG作为参考，确定各种照明构想。

基本计划中的照明构想
执行配灯计划，绘制出照明构想图。

◀（左）荧光灯
（3000K）
（右）CDM
3000K

◀（左）卤素灯
3000K
（右）CDM
3500K

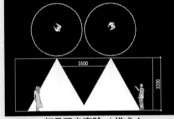
灯具配光实验／样式A

灯具配光实验／样式B

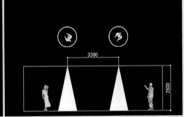
灯具配光实验／样式C

对流线部分的吸顶灯配光进行讨论。决定了器材之后，拿到现货，就开始进行点灯检查。

◆ **实施计划阶段～设计调整·监理阶段** 现场监理／调试／整理出分析资料（竣工后）等

施工中　　　　　　竣工

调光（照明器材设置的调整）
我们将分别在以下的不同阶段对灯具进行5次调整。
1．内部装修进度70%：确认亮度等
2．内部装修进度100%完成：调整照射方向，验证照明效果
3．商品陈列完毕时：调整照射方向
4．整体陈列完毕时：调整照射方向
5．开业前：对整体进行微调

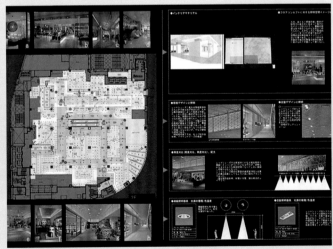

分析资料（二层设计的分析）
整理制作出有关照明设计的分析资料。内容包括总论以及每层的照明环境（照度·亮度分布）等。

17. 归途的街灯——成城CORTY商业设施

照明设计：SAWADA Lighting design&analysis
         泽田隆一
建筑设计：坂仓建筑研究所、小田急建设
施工方：小田急建设

- 2006 年 11 月竣工
- 所 在 地：东京都世田谷区
- 空间用途：商业设施

中庭
整个设施的中心空间。白天会有自然光照射，夜晚则充满了温暖的光照。由于中庭的顶部需要仰视，所以方案中基本放弃了刺眼的光源。

空间设计×照明设计

空间理念·要求等	照明设计理念	照明设计要点
• 追求一种符合成城地区风貌的富足感 • 面向附近居民、紧系本区域的站前百货大厦 • 控制建筑成本 • 此设施以中庭为中心	• 既节约成本又有效率的照明 • 打造成地标性建筑 • 创造出接近居住区的光环境 • 灵活运用建筑的形状特征，体现出明快的感觉	• 光环境的构成以中庭为中心 • 与夜间的黑暗相协调的明亮度 • 参照热辐射光源进行调光

照明手法·设计概要

从四层公用通道看隔过中庭顶部的玻璃墙

中庭内的电梯

西侧正门和电梯升降井

从四层公用通路看屋脊

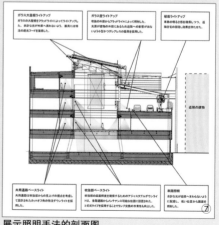

展示照明手法的剖面图
方案中重视照明效果、降低成本以及对多余光线的排除。

从实施过程看照明设计

◆基本计划阶段　创意草案·共有／环境调查／配灯计划／CG 场景模拟等

⑧

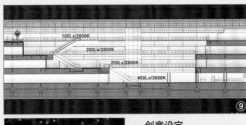

⑨

◀▲创意设定
越是上层部分，色温和照度的设定就越低。玻璃屋顶的光线根据时间的变化而变化，使建筑看上去像是"长街上的灯笼"。

⑩

周边地区的夜间环境分析
作为与周边地区有密切关系的设施，对于周边环境的调查是必不可少的。

⑪

⑫

通过三维 CG 对中庭的照明效果进行模拟演示（光效视角：左、亮度分布：右）
从设计初期开始，就通过 CG 对照度、亮度进行查验，对照明效果进行确认。

◆实施计划阶段　通过模型来研讨照明效果／器材设计／现场实验等

▶通过模型研讨照明效果
验证在整体空间中最适合打光的部位。为了能够从顾客的所有视点来对光线配置进行研讨，利用模型是最合适的手段。

▼模型实验的情景

⑬

⑯

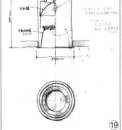

⑲

▲灯具设计时的研讨图
计算灯具安装的高度与店内通道的宽度截止角，以确定反射镜的安装位置。

⑮

⑰

通过足尺模型研讨照明手法▶
利用不同种类的配光、光源灯具，通过所用建材进行试验。并同时验证由于照射角度造成的漏光以及反射导致的高光。

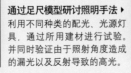

⑭

⑱

◆设计调整·监理阶段　照明器材安装部位的细节研讨／照明灯具的角度调整等

18．新旧对比格外美丽的城市绿洲——滨离宫恩赐庭院"中秋明月与灯光辉映"

照明设计：Sirius Lighting Office
户恒浩人

- 2006 年 10 月、2007 年 10 月实施
- 所 在 地：东京都中央区
- 空间用途：公园

◀▲ **2006 年的灯光效果**
映入池中的景色有种静谧感，配合月影的效果使得到处都是令人百看不厌的美景。与汐留地区新楼群的白色灯光相映成趣。

参考：2007 年的灯光效果▶
第二年，我们对入口处的桥梁打光，积极地利用了彩色照明。

空间设计×照明设计

空间理念·要求等	照明设计理念	照明设计要点
• 自江户时期便有的游廊式庭园 • 映衬着中秋的明月，持续仅限 10 天、每天点灯 3 个小时的限定夜间活动。 • 使用园方提供的照明用具	• 打造新旧对比格外美丽的城市绿洲 • 打造出"幽玄之光"，进一步体现滨离宫庭园本来的美	• 将最美的部分限定在池塘的周围 • 光的配置要让人能够更好地欣赏游廊式庭院景色富于变化的这一特征 • 利用"黑暗"来打造照明效果

照明手法·设计概要

桥桁（2006 年）
灯光照耀下的树木和桥下的灯笼倒映在水面上，十分漂亮。

池塘周围的风景（2006 年）
与建筑物内的暖色灯光相对应，树木以蓝→白→绿光的颜色变化着，打造一个不破坏幽玄世界这一主题的、非日常性的效果。

从实施过程看照明设计

◆基本・实施计划阶段　现场实测调查／配灯计划／绘制印象图／计算成本等

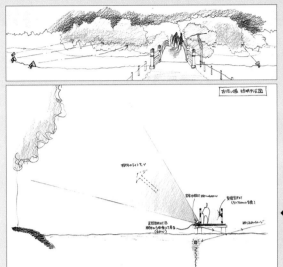

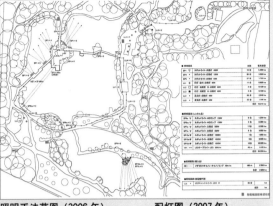

◀照明手法草图（2006 年）
我们以具体的手法，以及截面、平面、样式等不同的草图来展示以光为手段的景观创造。

▲配灯图（2007 年）
运行时所需电量和电源的放置地点，对这些问题我们从最初的阶段就要开始进行缜密的计划。

◀照明计划图（2006 年）
通过平面图来展示照明计划。照明手法与效果的概要一目了然。

▲照明效果图（2006 年）
通过 CG 图画表现出的照明效果场景。背景的建筑群也都倒映在池塘上，其还原度直逼照片。

▼照明计划图（2007 年）
2007 年的活动中扩大了照明范围，在主要景观池塘的周围也都布置下了很有创意的照明效果。

◆设计调整・监理阶段　施工监理／照明器材安装位置・调整照射方向／保养等

由于是限时活动，所以无法事先在现场进行实验，因此施工时的现场调整就格外重要。器材本身的情况、发电机的供电情况以及电缆长度等问题所带来的影响都将在施工时进行调整。
在活动开始后，我们也将随时对水中器材进行保养维护，监察管理活动中的照明。

19. 环保LED的实用性住宅照明——流山H邸

照明设计与产品设计：M&O 设计事务所 　　　　　　　落合　勉 住宅设计与施工：Air Cycle 产业	• 2006 年 5 月竣工 • 所 在 地：千叶县流山市 • 空间用途：住宅

客厅·餐厅
客厅、餐厅空间全部使用 LED 灯。照片中的最远处为厨房（LED 配合光栅遮板形状设计）。
灯具全部打开时的平均照度为 124lx，餐桌中央的照度为 660lx。

客厅、餐厅、厨房的 LED 主照明与
卧室、浴室和门厅的辅助 LED 照明
大大削减了年消耗电量。

▶**卧室（右）与盥洗室（左）**
床头上的洗墙式射灯和
台灯为 LED 照明。

空间设计×照明设计

住宅间照明的基本事项	照明设计理念	照明设计要点
• 实现节约能源 • 使用 LED 来打造出适合生活的住宅照明 • 用柔光创造出明暗对照的、有节奏感的空间	• 作为居住空间的 LED 建筑化照明 • 给生活空间带来安逸温和的光线，确保日常生活的必要照度 • 作为住宅整体设计出散热结构和布线结构	• 防止光线直入视野 • 充分利用墙壁和顶棚反射形成的扩散间接光线 • 配合空间的用途来设计使用 LED 灯具

照明手法·设计概要

门厅通道
安装了地灯的玄关和停车场。二层飘窗下的顶灯也是 LED 灯具。

厨房
操作台上方的光栅遮板安装有一体化设计的 LED 灯具（射灯）

楼梯
使用三种不同的 LED 灯具照明（壁面绘画照明用壁灯、长窗框上的嵌入式间接照明用 LED 照明器材、楼梯壁上的地灯）

从实施过程看照明设计

◆ **基本计划阶段**　照明计划提案（效果计划、配灯、重量·功率计算、开关调光方案）等

◆ **实施计划阶段**　特殊要求设计照明器材开发等

特殊要求设计 LED 照明器材的开发
客厅·餐厅（左）：利用 LED 的特性，设计出金属聚光灯和金属吊灯。和室（右）：凸窗的顶灯为了使凸窗天井部分不至阴暗而选择了渗透性树脂装饰，打造出温和安逸的窗边气氛。

关于 LED 照明的设计工作

LED 作为节能环境共生型、21 世纪的新光源，有关它的照明设计——比如空间的照明计划，展示陈列和舞台的照明效果以及器材的设计等等都需要新的技法和新的知识。

LED 虽然是单色光，但是多种光线颜色组合在一起就可以创造出多彩的效果，它的特征之一就是颜色变换十分容易，若想打造出有创意的效果，就需要有很强的搭配能力了。并且，LED 就是小型的发光体，由大小均等的管芯排列组成，形成平面的发光部件，这个部件可以自由地变形成正方形、三角形或者圆形等各种形状。并且可以很快地变换形状。这些颜色和样式上的变化可以通过控制（程序）来自由地实现，这就要看具备不具备使其高效发光的程序适应能力（基础知识能力）了。

不仅要学会色彩搭配和样式设计，或者编程的基础知识，还要理解配光特性和光线质量的不同，以及灯具设置时要注意的事项（重量和灯具功率的不同），这样才有可能创造出不同于以往的全新的照明设计。

体积小、重量轻、热量低的 LED，易于控光和塑形使其有极广的使用潜力。光效和用途都在不断发展的 LED，日后的使用范围也会更加广泛。

20．适合老年人的寝室照明——W-HOUSE

照明设计：松下进建筑·照明设计室
松下 进

• 2007 年 2 月竣工
• 所 在 地：群马县伊势崎市
• 空间用途：住宅

采用 LED 窗楣照明突出了室内的边角部分

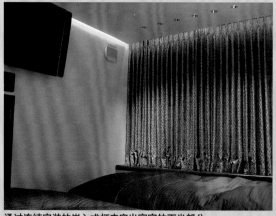

通过连续安装的嵌入式灯来突出窗帘的下半部分

有造型感的台灯和壁灯统一为红色

空间设计×照明设计

空间理念·要求等	照明设计理念	照明设计要点
• 对整体内部装修进行整改 • 为了消除业主对整改前照明环境（4 盏顶灯同一配置）的不满，方案主要定位为对照明的改善	• 将寝室打造得让老年夫妇在此居住可以感到轻松愉悦 • 房间里不仅可以休息和阅读，还有家庭影院，所以要制定出灵活的照明计划	• 将 LED 等低功率的照明灯具分散安装，根据用途的不同采取可以变换照明场景的多灯分散照明方法 • 统一为低色温，以红色为主色调

照明手法·设计概要

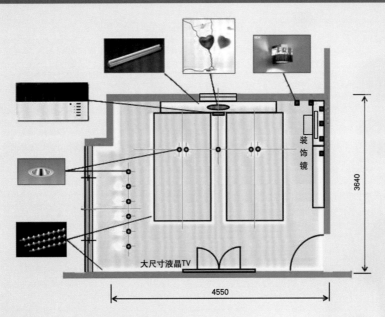

装饰镜

3640

大尺寸液晶TV

4550

通过间接照明突出室内的边角部分　利用上楣照明的光线使空间的形状得到凸显。
降低炫目感　通过间接照明和柔光吸顶灯，最大限度地降低目感。
调光　全部照明器材均为可调光式，实现对光环境进行精细调节。
控制　由于采用了场景记忆式调光器，可以通过遥控器迅速地调至自己想要的照明环境。
与内部装修协调　窗帘和桌布等选用了与照明协调的材料。

从实施过程看照明设计

◆**基本计划阶段**　现场调查／制定照明计划／演示等

要求以及对空间的把握　听取业主对现状的不满之处，通过现场实测把握整个空间的情况。
制订计划　满足业主的需要，在照明设计方案中选用了最新的照明手法和照明技术

◆**实施计划阶段**　确定细节／参观样板间等

研讨灯具位置、建筑情况以及施工方法　确定间接照明部分的详细方案，研究施工方法。
通过实际照明器材进行确认　对实际照明器材的照明方式、设计以及桌布和窗帘的照明效果进行确认。

◆**设计调整·监理阶段**　调整照明器材的照射方向／控制装置的场景设定等

场景 1
通过 FL 间接照明(现有家具嵌入式灯具)营造明快感。

场景 2
梳妆台上方壁灯打开。可通过遥控器调节亮度。

场景 3
在夜间去洗手间等情况下，为了不使大脑过度清醒，我们将亮度控制在最低限度。

场景 4
以通用型下照式顶灯来重点照亮枕边的控制面板。

照明设计师简历
—Lighting Designer's Profile

角馆政英 Masahide Kakudate （Bonbori 光环境设计株式会社法人代表） pp.2-3

➡ www.BonBori.com
2008

日本大学理工学院建筑系毕业，并在同所大学取得建筑学硕士学位。曾就职 TLYAMAGIWA 研究所、Lighting Planners Association（LPA），后创立了 Bonbori 光环境设计株式会社。照明设计师，一级建筑师。
日本大学艺术系客座讲师、关东学院大学客座讲师、武藏野美术大学客座讲师、九州大学客座讲师、金泽美术工艺大学客座讲师、京都造型艺术大学客座讲师、日本建筑学会会员、照明学会会员、品川区街道建造专家、世田谷区街道建造专家、八王子市街道建造顾问、浦安市街道建造顾问。
利用长期积累的经验，在完成各种住宅、建筑以及城市照明设计的同时，也亲自参与实施等各种活动。并且参与过多次街道建设，目前正在进行一项实验，内容是街道如果不是以"光"为主体，而是从变成"光"这一概念为起点的话会有怎样的改观。曾获 GoodDesign 奖、JCDDesign 优秀奖、DisplayDesign 优秀奖、IALD 建筑照明设计优秀奖、IDA 国际照明设计奖、照明学会照明设计奖等多项大奖。为建筑类杂志等撰写学术论文，并举办各种演讲会等活动。

松下美纪 Miki Matsushita （照明设计师／株式会社松下美纪照明设计事务所　董事长） pp.4-5

■ 履历／业务范围等
1989 年成立了松下美纪照明设计事务所。国内外的城市环境照明、商务空间、大型活动等多个领域的照明设计均有涉足。同时担任景观顾问、审议会委员以及大学讲师等职务。
■ 主要作品
《最尖端　照明·光源技术全集》技术信息协会，2008 年
■ 主要项目
第 13 届亚运会曼谷开闭幕仪式照明设计、国立公园云仙照明引导制作、福冈电视塔照明项目、长崎豪斯登堡"光之运河"、九州大学元冈新校区光环境设计等多个项目。曾获北美照明学会 PaulWaterbury Award of Distinction、GoodDesign 奖、照明学会照明设计鼓励奖等多项大奖。
URL：http://www.mikilight.com

中岛龙兴 Tatsuoki Nakajima ／**福多佳子** Yoshiko Fukuta （中岛龙兴照明设计研究所） pp.6-7

■ 关于照明设计
对照明器材的样式和器材中散发出的光线的形态所带来的气氛和光效绘制成图，之后在实际的空间中将其具象化，这就是照明设计。它既包含了艺术性，又必有科学的成分融汇其中，优秀的照明设计可以给人们带来丰富多彩的生活。
■ 所获奖项
国际照明设计奖、SDA 奖、JID 奖
■ 主要项目
韩国济州岛乐天饭店景观照明（2000）、韩国釜山 KangWangbridge 景观照明（2002）、拉拉港柏之叶购物中心（2006）、拜斋桥景观照明（2006）、山梨县 Risonare 酒店内西餐厅 OTTO SETTE（2007）、埼玉县 LalaGarden 春日部（2007）、横滨站东口通路（2008）

富田泰行 Yasuyuki Tomita （照明设计师／Tomita Lighting Design Office 法人代表） pp.8-9

照明设计的本质是人、物、场所之间的"关联性的设计"，致力于从室内装修、建筑空间到大型的复合型建筑、都市环境等各种空间的光环境的创造。主要参与工作有东京站八重洲开发计划"GranTokyo"、大崎 Think park、北海道五稜郭塔、横滨港口未来站、饭田町 I-GARDEN AIR、新干线札幌站 JR 塔、大阪城公园、丰洲 2、3 大道开发计划等。除了本职的照明设计工作以外，还兼任武藏野美术大学、东京艺术大学、女子美术大学、九州大学等的客座讲师。担任照明学会、北美照明学会、都市环境设计会议、日本设计学会等的会员。著有《都市景观的设计与材料》、《照明设计事典》（合著）等。曾获日本照明奖、北美照明学会设计奖、SDA 优秀奖等。
URL：http://www.tldo.jp　email：ligting@tldo.jp

内原智史 Satoshi Uchihara （照明设计师／有限公司 内原智史设计事务所） pp.10-11

■ 主要项目
美丽的福岛未来博览会、爱宕绿色大楼、LaQua、六本木大楼、榉坂综合大厦、东京国际机场羽田第 2 航站楼、表参道大楼、芝浦 island、目黑区 PARKTOWER。
自 1994 年起参与平等院、金阁寺、银阁寺、青莲院的照明工作。
■ 获奖
北美照明学会国际照明奖　优秀奖　特别奖及其他多项大奖

项　目：表参道大楼　　　　　　项　目：爱媛街道博览会 2004
摄影师：金子俊男　　　　　　　摄影师：金子俊男

东宫洋美 Hiromi Tomiya ／山田圭太郎 Keitaro Yamada （株式会社 Light Scape Design Office）

pp.12-13

为办公区域、商业设施、车站和机场等地的建筑、内部装饰进行照明设计，探究在人与空间的关系中，光的重要性和可能性。曾出版《光的景观／照明规划与设计》，内容网罗了与照明设计相关的各种知识。并以影像的方式拍摄了《万花筒》来介绍光的世界，并研发了自主设计的卤素灯 "jewel eye"。
URL：http://www.ldo.co.jp

■ 主要项目
二番町花园、丸之内北口大厦、Oriol Balaguer 白金店、TEPCO 银座馆 "以身体感受万花筒之光" (2004)、牧之原 MORE 商厦、中部国际机场商业区 (2005)、BMW 广场、BMW 胜时二手车交易中心、ARIO 龟有外观·造型光 (2006)、tamaplaza terrace、札幌市 8 西 3 东地区第一种市街道再开发工程 8.3 区、灯光展览会飞利浦展位、ecute 立川、港北 NT 中央 SC、MM33 街区、World 北青山大厦 (2007)、西梅田计划、Brillia 本驹込 6 丁目项目 (2008)。

面出 薰 Kaoru Mende （照明设计师／株式会社 Lighting Planners Associates 董事长）

pp.14-15

为了能够通过创造优质的光环境，为建筑文化和照明文化做出贡献，1990 年，这个提供专业照明技术的集团宣告成立。目前，以东京和新加坡为据点，拥有很多极具个性的优秀员工。业务范围广泛，从住宅到城市照明都有涉足。由市民共同参与的照明文化研究会 "照明侦探团" 也是由该集团主办。曾参与过的主要项目有东京国际论坛、JR 京都站、仙台 media theque、六本木大楼、长崎原子弹爆炸逝者追悼和平纪念馆、茅野市民馆、新加坡国立博物馆、新加坡城市中心 Lighting master plan、中国中央电视台等。
曾获北美照明学会、国际照明设计奖·优秀大奖、国际照明设计协会奖·最优秀奖、日本照明学会·日本照明奖等多项大奖。
著有《世界照明侦探团》鹿岛出版会出版、《都市与建筑的照明设计》六耀社出版等。
URL：http://www.lighting.co.jp　　http://www.shomei-tanteidan.org

岩井达弥 Tatsuya Iwai （照明设计师／岩井达弥光景设计法人代表）

pp.16-17

■ 履历
1955 年出生于东京。日本大学理工学院建筑系毕业。曾任职 TLYAMAGIWA 研究所副所长，1996 年创立岩井达弥光景设计公司，任法人代表。日本大学生产工学院建筑系居住专业、女子美术大学短期大学部讲师。

■ 主要著作
《养眼练手·宫脇檀住宅设计塾》（彰国社出版，合著）

■ 主要项目·所获奖项
国立新美术馆、神奈川县立近代美术馆叶山、丰田市美术馆、梅田 SKY 大厦。
北美照明设计奖 优秀奖 特别奖 等
URL：http://www.lumimedia.jp

近田玲子 Reiko Chikada ／高永 祥 Sachi Takanaga （株式会社 近田玲子设计事务所）

pp.18-19

■ 关于照明设计
情趣（包括景致、风景以及心理活动的外在表现）的源头是景色。同样，光的景色要是脱离了人的情绪，也就无从谈起。

■ 所获奖项
2006 年北美照明学会 Edwin F. Guth Memorial Award of Excellence、第四届芦原义信奖
2005 北美照明学会 Paul Waterbury Award of Excellence、通产省 GOOD DESIGN 建筑环境部门 金奖
2004 日本照明学会照明设计奖

■ 主要项目
早稻田大学大隈纪念讲堂 (2007)、九州国立博物馆 (2005)、品川中央公园 (2003)、品川 V 字塔 (2003)、品川 intercity (2002)、MUZA 川崎 (2003)、和泉 CityPlaza (2002)、石川县九谷烧美术馆 (2002)、金泽城址公园 (2001)、明治大学 (2004、1998)、埼玉新都心 (2000)、九州·冲绳峰会首里城景观照明 (2000)

木下史青 Shisei Kinoshita （独立行政法人 国立文化遗产机构·东京国立博物馆 学艺企划部企划科设计室室长）

pp.20-21

出生于 1965 年
东京艺术大学研究生院美术研究系硕士课程环境造型设计专业毕业。
曾任职东京艺术大学美术学院设计系助教、（株）Lighting Planners Associates、东京国立博物馆事业部事业企划科设计室室长。爱知县艺术大学设计系、女子美术大学艺术学系客座讲师。参与了 "国宝·平等院" (2000)、"Price Collection 若冲与江户绘画" (2006)、"国宝 药师寺展" (2008) 等特殊展览的展示工作。凭借 "东京国立博物馆 本馆日本 GallaryRenewal" 荣获 2006 年日本设计学会年度作品奖。
著有《参观博物馆》（岩波书店出版）、《昭和初期的博物馆建筑》（博物馆建筑研究会编，东海大学出版会出版，合著）、《东京帝室博物馆·复兴本馆的昼光照明计划》（东京国立博物馆纪要第 43 号）

武石正宣 Masanobu Takeishi （有限公司 ICE 城市环境照明研究所所长）

1959 年出生于横滨。1982 年毕业于多摩美术大学。
1990 ～ 1995 于海藤 OFFICE 株式会社任职总设计师，1996 年成立有限公司 ICE 城市环境照明研究所。现任该所所长。武藏野美术大学空间设计系客座讲师。在商业空间、公共空间、酒店、大型活动等多个领域都进行过照明设计、指导等。主要作品有"中部国际机场 centrair"、"星野度假村·星之屋"、"新丸之内大楼·公共空间"等。
2000 年凭借"川崎冈本太郎美术馆"、"国立科学博物馆·新馆"和"海萤"这三件作品，夺得了北美照明学会国际照明设计奖·AWARD OF MERIT。2006 年的"CLUB MINERVA"拿下了北美照明学会国际照明设计奖·AWARD OF EXCELLENCE。"过门香 上野竹林庭院"和"PARK HYATT SEOUL"2 件作品获得了 AWARD OF MERIT INTERNATIONAL。

森　秀人 Hideto Mori （株式会社 Lighting M）

■ 履历·著作
1959 年 出生于高松
1983 年 毕业于多摩美术大学美术学院立体设计系，后进入（株）LDYAMAGIWA 研究所
1991 年 进入（株）Lighting Planners Associates
2006 年 成立（株）Lighting M 公司，出版《光的景观街道建设》（学艺出版社出版，合著）
■ 关于照明设计
为了不断寻求由光联络的时间和空间，我们建立了照明设计事务所 Lighting M。我们希望将每一次邂逅都描绘成感动人心的光的故事。
■ 主要项目
南方熊楠显彰馆、红叶山庭院等。

小野田行雄 Yukio Onoda ／竹山枝里 Eri Takeyama （Iris Associates）

■ 关于照明设计
我们的中心理念是"通过照明设计不仅要让人看到空间和物体，还要让人钟情于它们。"我们对所看到的全部视觉信息，与光本身包括自然光、人工光一起，作为人们在获得视觉信息时所必不可少的存在并加以设计。照明设计不单单是带来物理上的光明，它还能对人的生理、心理造成极大的影响，所以我们要合理地，并且在某些情况下要艺术地创造出富有魅力的光环境。
■ 主要奖项
北美照明学会 IESNA、国际照明设计奖 IIDA·照明优秀奖、LUMEN AWARD NEWYORK、照明学会 照明普及奖 优秀设施奖、USITT 剧场建筑奖 优秀奖、GOOD DESIGN 奖 建筑设计部门、DDA 大奖、朝日新闻社奖、照明学会 照明普及功劳奖
■ 主要项目
东急 HarvestClub 旧轻井泽、箱根甲子园、东急 CeruleanTower、青山 ParkTower、AREA 品川外观 ArtWork、足立区区民会馆、剧场 1010、马渊摩托总公司大楼、国立科学博物馆（新馆 2 期·本馆）tornare 日本桥浜町、银座 SONY 大厦（正门）、日产先进技术开发中心、天津奥林匹克中心等。

东海林弘靖 Shoji Hiroyasu （照明设计师／LIGHTDESIGN INC. 法人代表）

生于 1958 年。工学院大学本科及研究生院建筑学专业毕业。
对光和建筑空间的关系抱有极大兴趣，从建筑设计师开始走上了照明设计的道路。从 1990 年开始，为了寻找地球上令人感动的光而开始在全世界进行探索调查，取材内容包括从阿拉斯加的极光到撒哈拉沙漠的月夜等各种美丽的自然光，并将所见的这些令人感动的光作为灵感来源，开始了空间照明的设计。国际照明设计师协会专家会员。
URL：http://www.lightdesign.jp
■ 主要项目
松本市民艺术馆、富弘美术馆、MIKIMOTO Ginza2、秋叶原 UDX、丸之内 Pacific Century Place、TOD'S 表参道大厦、日本工业大学百年纪念馆等。
■ 主要著作
《美味的灯光》（TOTO 出版社出版，2007）

稻叶　裕 Hiroshi Inaba ／鸟居龙太郎 Ryutaro Tori （株式会社 for Lights）

■ 关于照明设计
我认为照明设计就是"创造出能够给人带来幸福感的光环境"。本公司一直以来都以"为了人们的幸福"和"为了光明"为座右铭而不断地钻研。
■ 主要项目
希尔顿关岛度假村与水疗中心　东新宿 sunroute 酒店、东急 HarvestClub 那须、皆美馆、富士 film、富士施乐总公司、共同通讯社 研修·交流中心、铃广"鱼肉糕之乡"、延冈 cocoretta 百货公司、横滨拉拉港、上越市　高田小町城镇商户交流馆、新潟港口水游记 2007finale、川口市美术馆 Atria"故事的最高潮"展示照明

伊藤达男 Tatsuo Ito （有限公司 伊藤达男照明设计研究所法人代表、长冈造型大学客座讲师） pp.32-33

■ 履历
多摩美术大学产品设计专业毕业。
曾就职于三洋电机（株）、（株）石井干子设计事务所、1989 年成立（有）伊藤达男照明设计研究所。
■ 主要著作
《商用空间的照明秘方》（商店建筑社出版）、《claim、trouble、busters》（商店建筑社出版，合著）
■ 主要项目 TOHO CINEMAS 六本木大楼、日本桥三越总店新馆外景照明、成田机场联合航线休息室、成田机场美国航空公司旗舰俱乐部休息室、American School RitzCarlton Theater、巴尔特 9 电影院、丸井 CITY 新宿环境照明、有乐街丸井百货环境照明等。
■ 所获奖项
国际照明设计 PAUL WATERBURY 特别奖、LIGHTING AWARD 优秀奖、LIGHTING CONTEST 鼓励奖等。

泽田隆一 Ryuichi Sawada （照明设计师·顾问／有限公司 SAWADA Lighting Design&Analysis 法人代表） pp.34-35

■ 履历
1964 年出生于福冈县。武藏野美术大学造型专业空间效果设计系毕业。就职于 TL YAMAGIWA 研究所（1988～1990）、（株）Lighting Planners Associates（1990～2004）
■ 主要项目
丰田汽车总部、芝浦工业大学丰洲校区（2005）、全日空航班休息室、稻泽市立中央图书馆（2006）、名古屋 lucent tower、lucent avenue（2007）、MODE 学园 SpiralTowers（2008）等。

户恒浩人 Hirohito Totsune （有限公司 Sirius Lighting Office 董事长） pp.36-37

■ 履历
1975 年出生。灵活运用建筑、环境照明以及城市规划中积累下的丰富经验，从注重光的照明设计到追求平衡的光环境，在很多领域中从事着咨询工作。
1997 年 东京大学工学院建筑系毕业
1997～2004 年 株式会社 Lighting Planners Associates
2005 年 成立有限公司 Sirius Lighting Office
2007 年 荣获照明学会照明 DESIGN 奖
■ 主要项目
舒波乐啤酒园、情绪障碍儿童短期治疗中心、东京日航酒店小教堂"LUCE MALE"、浜离宫恩赐庭园"中秋明月与灯光辉映"、HOUSE O、日本经济社新社、业平桥押上开发地区新塔照明等。

落合 勉 Tsutomu Ochiai （M&O 设计事务所） pp.38-39

■ 履历
1948 年出生于爱知县三河市，1970 年留学美国，回国后在 YAMAGIWA 进行照明实践工作。1991 年在横滨创立 M&O 设计事务所至今。武藏野美术大学、多摩美术大学、爱知县立艺术大学讲师。照明学会、日本装饰学会、北欧建筑设计协会、照明文化研究会会员。
■ 关于照明设计
我热爱日本的光，热爱照明。其中更喜欢器材（产品）设计。照明器材中所使用的材料和零件有很多种。我个人倾向于把它们自然有机地按照 7 大需求（社会、市场、业界、企业、个人、未感知、区域）组合在一起。
从 2001 年起重视 LED 照明，从 2006 年开始致力于广泛传播加入有机 EL 的 LED 和 OLED 照明。
日经 web 专栏：http://www.shopbiz.jp/top/index_LF.html

松下 进 Susumu Matsushita （松下进建筑·照明设计室法人代表／武藏工业大学建筑系 客座讲师） pp.40-41

■ 履历
京都大学研究生院工学研究系建筑学第二专业毕业，在某照明大公司从事照明设计。2000年创立松下进建筑·照明设计室。担任国土交通部综合技术开发项目自主循环型住宅开发委员会委员等一系列的学会职务。一级建筑师。
■ 所获奖项
第一届小泉国际学生照明设计比赛铜奖、第一届日本建筑学会优秀硕士论文奖、第五届照明学会照明设计鼓励奖等。
■ 主要著作
《图解入门 了解最新照明的基础与组装》（秀和System出版，2008）
■ 主要项目
I-HOUSE、W-HOUSE、小田急小田原站整改照明规划、弥生酒店整改照明规划、王府井百货大楼整改照明规划（中国）、郑州市郑东新区城市照明规划（中国）、中关村科技园区外观·外部结构照明规划（中国）等。

照明设计有特别的流程吗?

有关照明设计的问题,恐怕很难做出理论上的说明。我这样说的原因在于,人脑的思考并非是按照顺序进行的,而是平行地向着一个答案前进的。所以说照明设计的流程也不可能是一个阶段完成了,然后再进入下一个阶段。照明的展示到施工的这个过程确实是像大家所熟知的那样按照以上的流程进行的,但是设计的环节却与它们大相径庭。打个比方说,我们现在要给朋友打个电话,约好下周去哪儿见个面。在电话里我们都看不到对方的脸,在这种只通过声音来作出判断的情况下,基本上用不了 5 秒钟就应该能够商定好时间和地点了。如果没有定好的话,我们基本都会和对方说过一会儿再联系。在这样一系列决定地点和时间的行为中,究竟融入了多少信息和考量呢?(有没有"出去之后想做什么,想得到怎样的心情转变"这些情绪上的、人情上的目的呢?)要决定时间和地点的时候,有很多平行的信息,例如对方现在身在何处以及之后要回到哪里去。还有对方大概几点钟能来,大约能待到几点等等的推测,自己所处的地点以及要去的地方和回去的地方,现在的这个时间在哪里比较适合见面等等这些信息都很重要。还有,要考虑约的人是不是刚刚回国?或者自己是不是最近正在专注于身体健康?抑或是自己明天还要早起等等。这些条件,再加上自己无意识考虑到的各种条件,差不多要有十几二十几条,人们基本都会在心里对这些条件加以比较随意地排列,然后逐个思考。而且这些行为都是一瞬间的。如果是同时和多个人相约的话,那么这些条件还会成倍增长,但是我们都不会因为不想考虑这些问题而放弃和他人相约吧?

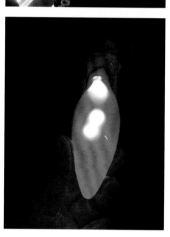

所以说,我认为真正思考照明设计的这一流程,需要了解整个工作的各个条件,然后将它们重新整合后再作考虑。当然,谈论项目完成后的那些技术工作要另当别论。

接下来说说我所认为的照明设计所必要的各个条件和信息,分别是 A. 项目的社会性与时代性;B. 项目的地点;C. 客户;D. 建筑师、内装设计师;E. 我这样的照明设计师做过的和正在做的工作(加起来就是面向未来的方向);F. 现在的照明科技;G. 节约能源;H. 建造成本和维修、清洁等这些功能性和经济性的要素。不过说到以上这些排序的重要性,就要具体情况具体分析啦。

那么,实际工作如何开展,在我一贯做事的方式里,我认为商议是设计过程中最重要的时期。为此,最好把之前写下的内容都记在脑子里。然后做好事先调查。通过这些方法,可以在商议的时候给我们一个能够平行考虑事物的前提条件。这样有可能会有更多新提案,问题也可能得到实质性的解决。这样可以瞬间抓住设计的构想以及很多细节,然后投入到将它们具体化的工作当中去。也就是说,重要的其实都在平时。这样写出来看上去好像很复杂,但其实,这些就和私下里自己随心所欲做事差不多了。

ICE　城市环境研究所　**武石正宣**

Lighting technique for changing spectacle

第二章

改变空间视觉的照明手法

所谓照明设计，虽是对于光的设计，但设计的并不是"光的视觉效果"，而是"空间的视觉效果"。根据设计手法的不同，光可以是美丽耀眼的，还能够使视线宽阔起来，但是光设计本身并不是最重要的。重要的是通过合理布光，使空间本身看上去显得明亮、宽敞并且带有连贯性。这种光线效果不仅需要和建筑的设计理念相一致，还要对其起到强化的作用。

在本章中，我们选取了能够因光线而使建筑空间的"视觉效果"得到改变的16个案例。在完成这些照明设计的手法上又有着哪些特色，这些我们都将根据事例来进行展示说明。

光线能够改变空间的视觉效果，这是建筑设计中的有力武器。震撼人心（并非花哨）的优秀照明设计，是要由建筑设计者和照明设计师共同构思，从确立空间形状的阶段就开始共同合作、群策群力才能够实现。

1.视觉明亮

照亮空间是照明的最基本功能。光越多，空间整体自然也就越明亮，但是即便是等量的光，也能够通过不同的使用手段来呈现出不同的明亮度。为了提高明亮度，将照明亮度较高的一面展现出来是一种有效的手段，像是在墙面上均匀打光使整体空间显得宽阔的洗墙灯，以及顶棚上的间接照明等都属于这类。还有直接突显光源，也只是作为一个物体单纯有亮度而已，不代表整体"空间"也都能跟着它一起亮起来。只有当光源和空间成为一体，两者的明亮度才能得到提高。

①拉斯韦加斯的赌场
赌场的顶棚上布满点状光源。各个光源本身的光并不强，但由于顶棚是镜面，所以光线看起来很足。并且通过降低整体环境的亮度，能有效突出其明亮感。

照亮墙面

通过洗墙灯等设备使墙壁的亮度高于周围环境，这种方法容易使人感觉亮度更高，空间面积也显得更宽阔。表面反射率高，是达到扩散效果的常用手段。

②日本大学理工学院一号馆咖啡厅
在里面的整面墙壁下都有向上打的灯光。它所散发的扩散光，可以减弱顶棚顶灯照射所造成的阴影。

③ F 公司办公室
设置在顶棚与墙体夹角处的洗墙灯。由于墙体与照明器材的距离很近，所以造成了很强的层次感。

④青叶亭
S-PAL 店
饮食店的墙壁上采用均一照明，这样显得店内更加兴旺。

⑤丸龟市
猪熊源一郎美术馆
通过顶灯和扩散光照亮墙壁，使展品和整个空间都有一种柔和而又明亮的感觉。

⑥ Harmony Seven
管理楼
在窗格处设置的灯具可以照亮室内而不造成任何阴影。巨大的玻璃窗像一个独立的照明器具，照亮着室外的空间。

顶棚照明

照亮顶棚这个方法，也能让空间显得更明亮。如果只靠天井的间接照明，则容易给人一种昏暗的感觉，所以经常是配合吊灯和顶灯一起使用。

⑦ FASHION SHOW MALL
沿着整条通道设置的间接照明，为整个空间创造出一种节奏感。

⑧ Taliesin West
太阳光通过整个顶棚扩散开来。在柔和直射光线的同时，还通过非常庞大的发光面积确保了采光量。

⑨博多日航酒店
这一案例是在电网状的天井上实施了间接照明。整个天井照明没有缝隙，所以增强了空间的一体感。

⑩小美玉市四季文化馆 minole
对大厅空间的上部墙面施以强力的间接照明。由于光照面使视野变得清晰，所以很容易让人觉得这里很明亮。

布满耀眼照明

光布满整个视野，发光体与周围的亮度都比较低，光线仿佛与空间同化，在这些情况下，由于光源直接可见，所以空间会显得更加明亮。

⑪阿拉伯世界研究所
外界的光线通过几何形状的铝板而布满整个视野。密集的光线让人感到明亮中带有些许紧张感。

⑫ PLAZA HOTEL AND CASINO
在酒店前泊车位置的天井上安装了大量的光源。灯光映射在发动机盖和车窗上。随着车身的移动，光线也跟着移动，大大提高了灯光闪耀的效果。

● 2.视觉轻松

通过着重表现材料的透明感、尽力提高阴影部分的亮度等手段，可以让所视对象看起来显得轻盈。还有，只要有自然光的射入，就很容易使整个空间看起来很轻。在通过光线来降低建筑重量感的方法中，既有要强调存在感的，也有要消除存在感的。比如说在二层建筑中，要想使上层从外面看起来很轻盈，除了要通过照亮上层使其看上去像是在漂浮，还要在下层也打光，为的是不突显出上层的重量感。

① 查理·戴高乐机场
在顶棚的桁架上打光，使其看上去像是覆了一层薄膜一样。由于地面光线控制得较暗，所以当人们抬头的时候，会更加切实地感觉到机场空间的高度。

● 在脚边布光

明亮的物体在视觉上容易让人感觉重量较轻，像是浮在空中一般。通过脚边光，有时能够体现出一种自下而上托起了整个空间的感觉。如果强调建筑物底层部位的剔透感，那么上层部分的存在感和重量感也可以随之减弱。

② Nepsis 涩谷店

③ CANAL CITY 博多
在水中竖直向下照明使得人们从地面上看不到光源，照亮了水中部分和水底。整体效果使整个地面看起来像是浮在水面上一样。

④ 关井女性诊所
有重量感的上层部分和轻快的一层所形成的鲜明对比，在夜间照明下尤为显著。一层的内部采用了均一的照明，玻璃的透明感进一步强调了材质的统一感。

⑤ Q-AX
在电影院放映室的下方，采用了间接照明。

对整体结构照明

在有特色的建筑结构上投光，可以使人更好地感受到建筑的力量感和细腻之处，并使得空间看起来没有丝毫多余之处。

⑥清水寺

光线自下而上地投向清水寺的舞台结构。在强调其精湛建筑技艺的同时，还能使人感到舞台格外高大。

⑦维也纳邮政储蓄所

房顶和顶棚都采用了玻璃，使得建筑整体看起来十分通透。柔和的光线充满整个空间，大厅看起来格外轻盈。

⑧曼谷塞万那普国际机场

机场登机口的玻璃穹顶。蓝色的灯光投射在桁架构造的顶棚上，这样的色彩感觉使得空间显得轻松了许多。

⑨冥想之森 市营斋场

起伏有致的间接光投射在曲面扇形的顶棚上。

⑩东京国际论坛

泛光照明投射在纺锤型的建筑结构上，并以较暗的玻璃为背景，建筑整体明亮突显，极具造型感。

提高顶棚高度

作为提高顶棚高度的一种手段，可以向没有光泽的顶棚投光，通过它反射出的柔和光线，能够创造出一种像似导入天空中光线的效果。

⑪Baumusyuurenvinku Kurema-toriumu（韦伦格火葬场）

柱子和屋顶之间的连接部分变得像角柱一样细，所以柱子看上去好像穿透了屋顶一般。顶灯造成的光晕使人看不到连接部位，柱子看上去也仿佛不再是建筑构造里的一部分了。

⑫比萨斜塔

从柱子顶端投出的光线照在回廊的天井上。在白天容易昏暗的部位明亮起来，不但体现了天井的立体设计，还充分强调了高度。

⑬OKURA 饭店东京湾

通过向上打光的壁灯照射整个回廊顶棚，这样能够中和与自然光的对比，还能强调突出曲面的优美。

⑭横滨美术馆

天花两侧投射的光线给屋顶制造出了层次感，突显了山形屋顶和空间的高度。

◉ 3.视觉开敞

要想让空间看起来更宽阔，最重要的是要提高空间视线的通透性。如果空间内部有隔断，那么通过降低隔断的存在感，或者使空间看上去更加柔和等方法都可以使空间显得更加宽敞。另一方面，对主要空间的结构表面上采取同等同样的照明，也能够造成一种由内向外扩张的感觉。

① POLA 美术馆

20 米高的中庭内的巨大光墙。通过半透明的材料可以看到光线的分布，也赋予了整个空间透明感，扩大了视觉范围。

◈ 提高通透度

如果空间相互连接，那么提高它的通透度和扩大它的视觉范围是紧密相连的。通过协调明亮度和光分布，提高连续性，就能够将深处的空间拉近到眼前，产生"借景"的效果。

②松代雪国农耕文化村中心

通过窗口将外部景色拉进室内。蓝色的内部装修与外部的绿色风景提高了视觉上的连续性。顶灯的灯罩上还印着这片土地的风景。

③ F 公司办公室

巨大的窗面的亮度虽然很高，但是由于对比的原因会很容易使内部空间看起来阴暗。这时通过在左右大量安装顶灯，就可以使整体空间显得明亮而开敞。

◈ 照亮整体墙面

积极照亮映入眼帘的墙面，这样容易给人以开阔而又轻快的印象。

④地中美术馆

外部射入的自然光照在整面墙上。水泥结构的冰冷空间，正是由于这一光线的作用而感到在向正前方向延伸。

⑤国立新美术馆

美术馆大厅一侧全部做成了光墙，在百叶墙的里面密集排列灯具，确保了均一的明亮度。

以柔和的光线笼罩空间

柔和的光线可以让空间看起来轻盈而宽阔。所谓柔和的光线是指那些不会造成强烈阴影的扩散光，以及由墙面形成的反射光和通过扩散材料形成的漫射光。

⑥CITY TOWER 高轮

层次感极强的顶棚间接照明散发出柔和的光线。墙面上使用狭角配光的顶灯制造出一种张弛有度的效果，同时，所投光线还能使反射率很高的地面边缘变亮，保持了整体的平衡。

⑦森美术馆

步行空间的亮度控制得很低，水平两侧则设置了连续的光带。左右的镜面反射使得空间看起来更为宽阔。

⑧八王子市艺术文化会馆银杏厅

在墙面上和顶棚上实施间接照明，使柔和的光线布满整个空间。在突出墙体独特设计的同时，也确保了整体空间的亮度。

⑨冥想之森 市营斋场

没有棱角的曲面天井上反射着柔和的光线，使得建筑上方给人感觉像是漂浮在空中一般轻盈。

虚化棱角

通过对空间构成面之间的界线进行虚化、错位或使其提亮等方法，可以减少封闭的感觉，创造出松快而又宽敞的感觉。

⑩玉川高岛屋

作为空间构成要素的棱角上被打上间接光，降低了封闭的感觉。

⑪西田几多郎纪念哲学馆

光线从墙壁和顶棚的缝隙中撒在墙面上。通过柔和光线所带来的层次感，消隐了接缝部分，给人一种光线从上面洒落下来的感觉。

4. 创造韵律

亮度较高的发光面在视线中很容易被注意到，所以想要赋予空间韵律感的时候，它是很重要的。光源本身和反射材料的排列，可以改变空间的节奏快慢和随意性。按横竖等距离排列的"纵横散布"法，在较大面积中的照明中营造统一感是很实用的方法。另外按照强弱布置、自由排列的照明，也很容易给人感觉是设计要素的一部分。

①京都市劝业场（miyako 博览会）

在顶棚上以相等距离安装灯具，得出均一照明。与顶棚上的格子相对应，地上也在相同位置铺设了瓷砖，使空间从上到下都有韵律感。

让光有规律地重复

想要光富有一定的设计性，也可以通过有规律的安装来给空间一种韵律感。

② AGC 制造研究中心

在顶棚的照明中加入浅色要素，安装也很有韵律感。在尽端的墙壁上也有延长的配灯，提高了整体效果。

③ TOHO 影城川崎

电影院复杂的通道由很多圆形的中空墙组成。整体空间都很昏暗，圆形开口处设置每四个一组的射灯照向地面，创造出了有韵律感的气氛。

④武藏野美术大学 workshop05

大量的点光源构成的曲线重复排列，看上去很像是波浪。设置上考虑了透视感，很像大浪来袭，给人以立体的宽阔感。

⑤伦理研究所新富士高原研修所

墙壁的缝隙间透出的光线呈放射状照在地面上，在长长的回廊里不断重复排列。

网格状设置照明

将照明器具以纵横距离相等的间隔排列，创造出贯穿整个空间的韵律感。有规律地安排灯光，也可以使有分离感的空间看起来有融为一体的感觉。

⑥ J 宿舍（左上）

在住宅的玄关一侧安装着壁灯的集体宿舍，纵观整体墙面，有极强的装饰感。

⑦欧姆龙草津（右上）

办公区采用了典型的等距离系统照明。每张桌子上都能有相同的光照，物品的摆设也不构成影响。

⑧北京 FELISSIMO 生活创意店（左）

这家服饰店的照明虽然采用了矩阵配灯的排列法，但由于将冷阴极灯管垂直安装，所以发光体的存在感非常强烈。因为亮度很高的光源十分显眼，所以整个店铺显得很有生机。

自由布光

自由布光，能够为较为死板单调空间赋予柔和的氛围和动感。

⑨柏悦酒店·首尔

紫色的巨大正方形灯箱重叠安装。在玻璃上的映射也考虑在内，整体看起来更有立体感。

⑩松本市民艺术馆

墙壁上大小各异的洞里透出不同的光。其中一部分是用于照明的，还有一部分是作为窗户与外部连接。

⑪朗香教堂

墙面上镶嵌着大小各异的彩画玻璃，并且还有自然光的照射，营造出一种颇为神秘的气氛。

⑫大江户线饭田桥车站

绿色管道型的照明设备不规则地悬吊着，照明消除了顶棚的存在感。由于荧光灯和管型设备揉为一体且排布自然，使得感觉单调的空间有了韵律感。

5.视觉繁华

最具代表性的空间装饰照明，要数光源外露的霓虹彩灯和灯具本身就极具装饰性的枝型吊灯了，二者都使美丽的光有了丰富的造型感。并且通过在暗的背景前大量使用高亮度的小型光源，可以增加明亮感。另外还有彩灯，经常用在为非日常性的场合制造欢快和繁华的气氛。

①新宿 Southern Terrace（TWINKLE SNOW）
步行街上的圣诞节灯饰。沿着树木的形状有机地分配光点，让整个步行区域都围绕在灯光之中。

散布光源

当绵密的灯光分布在广阔的空间里时，二者看上去融为一体。空间本身也因此而热闹起来。

②横滨中华街
建筑、牌楼、电线杆以及整条街都是中国风格，通过点状排列白炽灯泡，使得整条街的气氛显得更加热闹。

③东京市中心
在建筑内的草坪广场上覆盖蓝白两色的 LED 灯，使整个空间装点成星空一般。

④ Sunpia 博多
水中照明和脚边灯、建筑照明等都是以多灯分散型布置，每个类型的效果都不同，给整体空间营造出一种十分华丽的感觉。

⑤拉斯韦加斯的赌场
赌场的顶棚上布满了小型光源。镜面顶棚上反射着顶灯和老虎机的灯光，使得亮度倍增。

用光强化造型感

在开阔的空间里，通过对位于中心的景物进行华美的装饰，可以使整个空间都有一种繁华的感觉。景物通常都是和季节相呼应，或用来代表某种事件的，通过光线样式和色彩的运用，更能够突出景物的作用。

⑥ VenusFort 彩灯装饰

商业设施用的彩灯装饰。顶棚上的蓝色间接照明造成了一种置身夜晚室外的感觉，强调、凸显了光的造型感。

⑦台场 AQUA CITY

电影院大厅空间的装饰物，画面中的光色经常变化。和季节相呼应，画面中会出现鸟或波浪等。

⑧ Mirabell 宫殿

巴洛克式宫殿中的大吊灯，华丽的光线与空间相得益彰。

改变和开关灯光颜色

通过鲜艳的光色和光的开关以及投射出影像，可以给人以直观的刺激，并且可以创造出与日常不同的空间。

⑨横滨 COSMOS WORLD

在支撑着观览车的 60 根支柱上所安装的灯具，不仅具有计时功能，外观看起来有烟花的效果，矗立在海边，感觉非常协调。

⑩ Counter Void

面对着路口的公共艺术区里，数字不断按规律变化着。这个灯饰还有人行横道信号变换倒计时的功能，与周围人的生活密切联系。

⑪芬兰咖啡厅

整个空间都运用了彩色光装饰，渲染出一种热闹非凡的感觉。

⑫费尔蒙多步行街

弧形的拱廊顶棚上安装了 1250 万个 LED 灯，由电脑控制。举办活动的时候还有影像和声音为它烘托增色。

◯ 6.集中视线

我们把在空间中集中人们的视线称为制造焦点。集中照亮某一个部分，使人的注意力集中在一点上，就创造出了一个焦点，提高了人们的紧张感和期待感。将人们的视线集中在一点，还可以避免分散注意力。想要有效地创造出焦点，需要将背景灯光控制得比较暗，将有指向性的强光打在照明对象上，并要最大限度地降低照明器材本身的存在感。在这种手法中会将视线向空间的后方引导，比起让视线停留在前方，更容易使人感觉到空间的进深。

①京都音乐会大厅

在开演前，灯光照在舞台的管风琴上，将视线集中在此，提升人们的期待感。

将光线集中在场地上

将光照射在整体空间中的某一部分，集中人们的视线，这种方法可以使场地显得很特别，也可以令场地周围淡出人们的视线，使人十分安心。

②熊本艺术广场苓北市民大厅

开演前的照明。在舞台的深处创造出焦点，使空间的进深十分明显。

③台场 AQUA CITY

电影院大厅的休息区，动态图像从顶棚光照向地面。无论身在一层的人还是在楼上的人都能够看得到。

④三岛升学研讨会
　香贯高中大厅

环绕在舞台周围的半圆形墙壁中央投射了非常明亮的光。

⑤拉斯韦加斯赌场

在赌场里的桌面赌博上，在保持桌面水平亮度的同时，还将光线重点集中在发牌员和玩家的身上，以聚拢周围的视线。

在造型物上集中光线

用射灯照在造型物和人上，可以提高其存在感。客观真实地展现景物和艺术化地塑造景物这两者的照明手法是不同的。

⑥ TAKEO Paper Show 99

只有展台部分重点照明，使人们的注意力都集中到展品上。此种照明能正确地展示展品的颜色和形状。

⑦冈本太郎美术馆

光照在各个艺术品上，塑造了富有活力的照明效果。艺术品所产生的影子也成为作品的一部分，顶棚上的顶灯和地板上的射灯分别制造出了各种不同的影子。

⑧高台寺

在一片黑暗之中，窄光束聚光灯突出了砂山。创造出了与白天截然不同的视觉效果。

⑨ Tropicana Hotel & Casino

用追光灯对空中的演员进行追光。音乐、人的动作以及照明变化的整体效果紧密配合。

⑩ Rio 拉斯韦加斯

酒店大厅中设置的简易舞台。此处并没有刻意控制它的亮度，反而是用彩光让它更加显眼。

沿着流线来布光

沿着空间内的流线，连续制造照明焦点，可以起到引导人们的作用。

⑪黑部市国际文化中心 KORARE

顶灯按照恰当的韵律照射在地面上，成为视线焦点，让人很容易理解流线直通建筑内部。

⑫玉川高岛屋

狭角配光射灯的光线连续照在较暗空间的地板上，创造出了一条让人不觉得昏暗的流线。

◉ 7.强调目标

为了清楚地指示出目的地，在能够看见目标的情况下，就需要提高目标的可视性，如果看不到的话，就需要在路途上有明显的路标。如果在某个空间中的目的地属于共有的，那么可以通过光线来自然地引导人们，这是很有效的方法。另外，根据人们目的地的不同，利用标记指出它们各自的方向也是很有效的。

①塞万那普国际机场
在客流量大、流线复杂的机场登机口大厅中，设置了简单明了，并且具有统一感和连续性的照明标志。颜色使用了能够象征机场的蓝色。

● 设置标记

在目的地通过照明可以提高视觉认知度。应该把地点的功能通过光的布置和照明亮度联系起来。

②厦门的公车站
公车将要进站的时候，地面上的地灯就会点亮，不仅可以提醒乘客，还可以帮助司机确认停车位置。

③东京 MidTown
电梯大厅用光壁作为主照明手段，它相对于周围来说非常显眼。

④森美术馆
美术馆的入口大厅。整体空间由间接照明控制着亮度。只有接待处的侧面十分明亮，引导着各位来客。

⑤京都·祇园
店铺门前的落地灯笼，光线虽然不是很强烈，但是俨然已经成为饮食店的标志。在京都等城市的古老街道和日本料理店常配合着门帘一起使用。

通过标记来指示目的地

在提高视觉认知性的同时注意与空间环境保持协调。为了用最少的光获得最大的效果，就必须在发光标识的形状、位置和色彩上下足功夫。

⑥未来港口线

此例为车站经常使用的一般标志。要求具有较高的识别度，并要和其他站台有共通性。

⑦东京市中心

既有指示路线的功能，又是自动扶梯的提示，这样的设计可以让人容易看到地面的高低差。

⑧六本木大楼

设置在巨型建筑的箱型构件上的标识。

⑨东京市中心

设置在广场上的发光提示板为周围带来了亮度适当的光照。

⑩蓬皮杜中心

上方悬挂着指示方向用的大号红色霓虹箭头，兼有装饰的作用。电梯处也有红色霓虹箭头，色彩非常统一。

⑪东云 Canal Court

在大规模的集体住宅区，座椅与标志合二为一，设置在室外各处，效果很好。

⑫拉斯韦加斯赌场

指示洗手间位置的标志。不仅以文字标出，还用蓝色的光色来体现性别。

⑬东京市中心

商厦内的电子发光指路牌。设计成与建筑内的其他标志统一，尺寸虽小但能让顾客一目了然。

● 8.明示入口

在人们出入的大门上所设置的照明,具有引导指示、确保行走效率和提高安全性以及迎宾的作用。商业空间的入口处装饰则起到了招徕顾客,突出商业设施的作用。

① GALLERIA
入口处的顶棚非常高,我们让此处墙面发光,形成了大门的形状。此外,高度最低的发光墙面,距离地面也有两米高,所产生的光线不会令步行者感到任何不快。

● 用光线装饰入口

装饰过的大门也被称为迎宾门。通过照亮大门,或者按照大门的形状来设置照明,可以让远处的人清楚地看到入口所在。

② Queen's Square 横滨
这是一个集合了办公楼、酒店和购物中心的复合型建筑,门型的发光构件让人从远处就能够看到,其设计也与建筑空间融为一体。另外这个设计还有把大型空间分隔开的作用。

③ CityTower 高轮
门柱顶端安装了色温较低的照明设备。以保证视线高度可以清楚地看到对方表情。

④羽田机场
在机场大厅这样的大空间中,通过内透光式的入口照明,可以突显行李安检处的位置。走近之后,在安检处的准备区域也有十分充足的光线。

⑤拉斯韦加斯 Bally's
赌场酒店的入口处,光线随着时间而变化。穿过一个个圆环,会让人意识到自己即将进入一个非日常性的空间。在游乐场的游艺项目中,也常常使用与之相似的照明手法。

⑥札幌 PARCO

这个案例中采用列柱式通道，并照亮整根立柱。与建筑物正门融为一体。

⑦美国 Gated Community

住宅小区（Gated Community）的入口，小区整体以围墙包围起来。门口的装饰配合季节的变化，成为左右小区形象的重要元素。

用光线突出入口处的地面

投射在入口周围的光，能够起到间接引导步行者的作用。这种将入口地面照得比周围亮的效果叫做"迎宾毯（注：原文为 Welcome Mat）"。

⑧Join Us！！（装置）

活动会场的入口，沿着整条通路布置的灯具疏密有致。

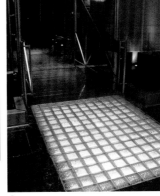

⑨Mandalay Place

入口处的地板上采用了内透光式的照明。具有强烈的装饰效果，使人能够充分地感觉到自己进入了一个非同寻常的场所。

⑩Tiffany&Co. 银座店

这是有关迎宾毯的案例。很多店面都会像这样，将光线集中投照，像脚垫一样。

用光强调墙面

通过在入口两侧的墙面上设置壁灯或照射墙面等方式，可以突出入口。大多数的住宅玄关用灯都是壁灯。投光灯和洗墙灯也十分常用。

⑪Garden Flag City

利用埋地灯照亮墙面。入口前的墙壁如果很长，通常利用这种手法形成由远及近的照明效果，体现出层次感。

⑫大马士革旧街道

集体住宅的玄关门旁安装着壁灯。虽然光线比较微弱，但也足够表现出生活气息，并体现出有人的存在。

9.强调流线

只要人在空间内移动，就一定会形成所谓的流线。在复杂的设施中，若想提高空间的效率，就必须要将流线整理得清晰明了。利用光来从视觉上划分出路径的方法能有效提高引导效果。在道路的边缘以及重要位置设置光标，可以使人们把握住道路的宽窄和整体方向。

①长崎县立美术馆

通往美术馆的长坡。通过嵌入扶手里的灯具形成有韵律感的光标。灯具本身并不显眼，弯道路面在灯光的引导下可以看得很远。

将灯具沿路设置在高处

在人群拥挤或是道路曲折的情况下，可视性会比较差，如果将灯具沿路设置在容易看到的高处，会更容易看到目的地。

②丰田集团馆（2005 爱知世博会）

通往世博会展厅的通道。在立柱上安装灯具，由于通路的曲折和屋顶的不规则形状，为连续的灯光布置增添了趣味。

③ I—GARDEN AIR

树木的照明和脚边的照明相结合，将人们的视线吸引到路面和上方的两侧。

④品川 InterCity

连接两栋建筑的通廊，路的上下都安装了灯具。

将灯具设置在道路两旁的较低位置

用来指示道路的照明，分为嵌入式照明和矮柱式照明灯具连续排列，一般色温较低、光强适中。

⑤横滨市火车道

曾经的火车道现在已经成为步行街。正面的建筑物上设计了一个开口，确保了视线的通透。由于灯光的引导，令人感觉道路仿佛延伸到了远处的建筑物。

⑥东京湾岸仓储

仓库的通路，隔板与地面的夹角处设置的光带，指示了通路的宽窄和方向。

⑦埼玉新都心连廊

连接车站和室外站台部分的照明方法是使路面发光。这种设计在平整的路面上不仅可以保证照明，还能够作为标识。光线还可以根据时间的变化而闪烁，非常有艺术效果。

⑧ QUEEN'S SQUARE 横滨

在连接酒店和购物中心的庭院中，展示着很多雕塑，光线照射在每件作品上，也照在作品之间，以此指示出了游览的路线。

⑨京都的街道

在铺石地面上以及上方的树木都实施了照明。从侧面照来的光线使得凹凸不平的铺石显现出肌理。街道上下都呈现出了细腻的质感。

⑩地铁大江户线 六本木站

在车站地下通道的对角线上安装了蓝色的间接照明，使进深感显得更加强烈。

10.明示领域

当同一个空间内有多个不同功能和用途时，我们可以通过不同的设计或者强调各个区域间的界线，强调各区域之间的差异。下文中我们将举例介绍通过灯光明确提示领域，包括区分用途、防止危险发生以及分割较大的均质空间等等。

①环太平洋横滨港酒店东急
酒店入口的泊车处。在整体光线较暗的环境中，利用蓝色的灯光指示出停车区域。

指示不同的用途

将空间按照功能和用途的不同来划分的行为称为"分区"。根据位置的不同改变光的类型和颜色以及明确标示出界线等方法可以使人自然地感受到各个区域的划分。

②藤井女性诊所
在大厅空间部分，分层次实施了不同的照明，使得空间看上去很有层次感。

③东京 HOUSE 冈崎邸
房间里设置了满足生活使用的最低限度的照明。通过这种方法可以在感觉上将一个空间变为多个空间，每种行为也都能感觉到不同。

④ CROSS GATE
用光柱将室外的广场和人行道区别标示。这一列立柱的排列方式可以昼夜都能标示出两个领域的界线。这一功能通过照明得到加强，同时也确保了人行道的使用功能。

⑤未来港口线横滨站
在确保了均一亮度的基础上，将宽阔道路的一半都安装上了顶灯。在明亮的环境中仍然形成了明暗的对比，非常自然地分离了通路中步行者的行走方向。

⑥金泽 21 世纪美术馆

对美术馆的休息厅和咖啡厅分别采用了不同色温的照明，从室外就可以清晰地知道其用途的不同。

◻ 提示危险的界线

为了避免发生危险而设的界线，大多数都是在提醒禁止入内。我们可以利用点状或线状照明，提高界线亮度、提高与其他地方亮度对比或者使用能够显示危险的标志、色彩和闪烁等手段来达到目的。

⑦未来港口线
未来港口站

站台与轨道之间用强光照射。为了使人不感到刺眼，将顶棚的亮度集中成线状，并且提到一定高度，突出界线。

⑧施工现场

工程现场与临时铺设的道路之间设置了照明，明确提示界线。

◻ 分割大型空间

巨大的空间和建筑物容易让人感觉太大，并且会有一种心理上的压迫感。在这种空间中通过光线对视觉上的空间进行分割可以降低这种压迫感，也能够让人感觉空间的面积有所减小。

⑨未来港口线 未来港口站

管状地铁大厅的墙面上设置了直线型的光线，使巨大的空间在视觉上能够让人适应。

⑩ Nepsis 涩谷店

在大厅的大空间中，对每层都设置了线性照明。并且采用多用局部照明的手法，这样就使大空间自然地分成了很多个小空间。

11.过渡空间

在视觉上对分开的空间进行上下或者水平方向的过渡，可以使建筑物建立整体感，并且能够突出建筑物垂直或者水平的长度。使用同色系的照明来统一建筑、采用有连续感的照明或者对起连接作用的建筑进行照明等都是用光塑造过渡空间的手段。

①仙台 media theque

水平延展的各层中，按照用途的不同都实施了不同的照明，从外面看上去仿佛像是光的地层一般。并且还有 13 根柱子纵贯建筑物，打在上面的光线也突显了建筑物垂直方向的过渡。

用光线强调上下结构

大多数的建筑都是多层建筑。这样的空间都是通过水平方向和垂直方向的照明进行重复而获得的。楼梯和电梯等作为连接要素，凝结了设计者的巧妙构思。充满活力的主楼梯以及外墙内的观景电梯等处的照明效果都是展现重复效果的典型例证。

②S 邸

③ Pacific Garden 茅之崎

楼梯是建筑物中承上启下的重要过渡部分，从它的功能层面进行照明。

光线照射的墙面看上去像是贯穿了每层楼的一条光带，重点突出，联结建筑上下。

④日本大学理工学院
一号馆

在大厅空间可以看到各层，通过对光线进行有规律地变换，可以产生一种垂直的韵律。

⑤新宿 NS 大厦

纵贯建筑内部的大厅空间通过洗墙灯而显得更为宽阔。

⑥高松标志塔（左）

⑦东京大厦 TOKIA（右）
在高层建筑的外墙上由上至下设计横向的亮带，能有效消减室内照明带来的零散感，并且能在视觉上表现出上下联络的感觉。

⑧拉斐特美术馆
建筑中央的倒圆锥形玻璃墙面大厅的玻璃上贴满了全息摄影胶片，将大厦里的光线进行漫反射。每当人们走动的时候就会看到彩虹般的光芒变化，使上下楼层的商业设施形成了统一感。

用光线强调水平结构

水平空间的过渡通过照明既可以展示给外部，还可以使建筑内部的人也感觉到。无论从空间上还是从功能上，把过渡性很弱的对象通过照明进行整合，在视觉上就可以营造出较好的过渡性。

⑨札幌 新干线 TOWER（左上）
这是标志性很强的横长建筑，通过赋予它灯光架构，在强调中心的同时也强调了水平的连接。这种照明手法也能表现出这个具有复合用途的内部空间的连续性。

⑩ SIOSAITO 周边 高架桥（右上）
连接建筑物的高架桥，上面的照明设计与建筑融为一体。通过照明可以表示出它不仅有步行的功能，还有连接建筑的作用。

⑪女神大桥（左）
为了强调桥体优美的设计，我们以照亮桥塔的照明为基础照明。并且根据时间的不同，LED点状光源与基础照明的光线配合，呈现丰富的变化。

12.内外联络

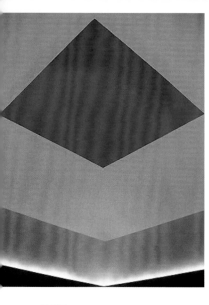

室内外空间在视觉上的联络，让我们在室内也能感觉到四季和时间的变化。在设计上将天空与户外的景色相统一，并将室内外亮度的变化控制得很舒缓，就可以自然地将室外的风景拉进室内。

①光之馆

在顶棚上切割出了一个正方形的窗口。顶棚上安装了一种装置，可以根据时间和室外亮度的变化来控制光量，从而使天空颜色的变化更令人印象深刻。由于看不到窗框，所以给人一种像似完整地切割下了天空的感觉。

与天空上下相连

在天空中，白天的强光到了傍晚会徐徐减弱，夜间则完全由月光和微弱的星光做主角。在安装有顶灯的空间里，白天使用间接照明照亮顶棚，以降低与天空之间的亮度比，这也是与外部连接起来的一种方法。要在夜间与室外产生联系，应当注意不要妨碍微弱的自然光。

②谷村美术馆

佛像展示区的天窗。能够使佛像照射到太阳的间接光。在带有柔和圆角的墙面上，光线像滑过墙面一样照耀着整个空间。

③ GettyMuseum

美术馆展览室中的天窗。将自然光立体化，把人工光线控制在最低限度。

④广岛市现代美术馆

楼梯间的天窗。在整体空间的中央展示着一件螺旋楼梯形状的艺术作品。与直指天空的艺术品相呼应，自然光从天洒落，更加深了垂直的感觉。

⑤ RiverWalk 北九州

阳光对室外、对圆筒形大厅空间照射出一条直线。纵向延伸的光线突出了建筑物的高度。

■ 与户外水平相连

墙上的窗与顶灯不同，它们大多数都可以让人从室内一直看到室外。通过对室外的树木和雕像等进行照明，也可以使它们成为室内装饰的组成部分。

⑥庇护之家

这个露台在功能上与内部有着极大的联系，为了使它们在视觉上也能有联系，分别对它们采用了同等照度的照明。

⑦K邸

通过对外部的树木实施有韵律感的照明，使得内外部的联系感极强。

⑧R邸

室内和中庭间的玻璃隔断给空间带来了一体感，照明的设计安装也均系同类。

⑨有开放式露台的饮食店

内部的光线投向户外，所以在露台上也可以进餐。对同一照明的共用使空间里产生了一体感。

■ 尝试为户外留出空隙

在内部和外部之间既不加以遮断也不透明化，而是通过制造出缝隙使内部与外部产生缓和的连接感。

⑩国际花卉交流会馆

在顶棚和墙上的格子柜里全部铺满杉木和扁柏木的边角料。透出的光影仿佛是从树林的枝叶间透过一般，并且整个空间里还弥漫着树的香味。从边角料后射出的光线的复杂性，取决于材料的大小和堆放的方法，可以说很大一部分都是偶然性带来的效果。

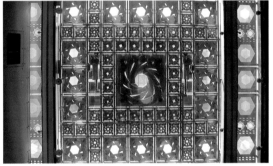

⑪阿拉伯世界研究所

墙面上安装着铝制板材。每块面板上都有照相机光圈一样的装置，可以根据开闭来自动调节采光效果。

⑫CA4LA（涩谷）

帽子店的陈列橱窗。由于商品展示密度很高，所以既能够适当遮挡外部看向内部的视线，又不妨碍内外通透的效果。

⑬Comme des Garcons 青山店

将半透明的玻璃倾斜安装，这样做并没有阻断内部与外部的联系，二者的连接感在柔和中还带有不牢固的感觉。

⑭Piuskirche Meggen 教堂

整面的白色大理石墙将柔和的光线透射到内部，浮现出大理石独特的样子。内部的空间被黄金般的光芒包围着。

13.表示象征

所谓象征，就是为了表现某一种事物而用另一种事物代替它来进行表现。用光来象征的方法大致分为以下几种：灵活使用光的形态和分布、依靠光的颜色，或者还可以照亮本身就具有高度象征意义的建筑物，更进一步突出它的特点。

①国立长崎原子弹爆炸死难者追悼和平祈祷纪念馆

建筑物的地上部分，是由黑色御影石铺成的直径达 29 米的水盘和钢化玻璃一起构成的建筑物。水盘的下面埋有 7 万根光纤（与1945年底前推算出死难者的数字一致）。夜幕降临的时候灯就会亮起，仿佛每个人都幻化成光出现在水面上，营造出极富幻想色彩的气氛。

通过形状和样式表示象征

如果建筑的形状和设置有着某种特殊的意义，那么可以通过光照来突出这种意义。就算是只用光，也可以通过排列和次序的不同，使建筑的内在具有特别的意义。

②东京主教堂圣玛利亚大教堂

教会有十字架型的平面，光线从顶部的缝隙中照入。在阴暗的无柱型内部空间里才有的光线，让人感受到此地格外地神圣。

③ I GARDEN AIR

这里曾经是条铁道，作为名胜而铺设的铁轨也显示出了这一点，侧面发光的光线照明使它很显眼。此外，两个窄光束氙灯照射出的两束光线顺着铁轨的延长线直指向天空，表现出铁轨与天空相连的创意效果。

④柏林 犹太博物馆

许多雕刻复杂的缝隙状开口装饰着内部空间。非水平又非垂直的开口并不仅仅是为了采光而设计，而是为了诉说犹太人的历史，表现出他们所受过的伤害。细长的开口呈现了窗框、柱子和房梁等，这些也给光线带来了复杂性。

⑤ 卢浮宫美术馆

在胜利女神奈基的铜像周围，是流线复杂交错、顶棚非常高的楼梯平台。顶灯的光照在楼梯平台上，奈基飞向天空的造型与空间和光线相辅相成，显得更为突出。

⑥ 光之教会

在教会的祭坛一侧正面有十字形的缝隙，自然光从缝隙中照射进来。由于前面没有其他的采光口，所以既控制了正面墙壁的亮度，又使人对十字的形状印象深刻。

⑦ 纽约时代广场

建筑物的外墙上高密度地充斥着大量世界各国不同企业的广告。这些光成了纽约经济与文化的象征。

⑧ 六本木榉木坂

由白色和蓝色 LED 组成的彩灯。沿着美丽的树形分布从而造成了一种积雪的视觉效果。

用颜色表示象征

对于颜色的联想已不停留在个人层面，而是已经有了社会性的定论。负责体现标志性要素的性质的方法被称为色彩象征。红色体现的是炎热、热情、兴奋和欢喜等感觉，蓝色体现的则是寒冷、凉爽、天空或者海洋。在演出等要求感情效果的场合，这种方法常被灵活运用。

⑨ Deep Blue

这个设置体现出深海的感觉。能够穿透水面的蓝色光线充斥着整个空间。虽然使用的是单色光线，显色性比较差，但是却能够再现出深海所特有的感觉。

⑩ 东京塔 粉色彩灯

作为提早排查乳腺癌的宣传活动的一环，东京塔也投上了粉色光。该活动的象征色是全世界统一的，所以象征效果大大提升。

14.表示宣传

在现代的城市景观中，宣传也成为重要的元素之一。像霓虹标志和招牌照明一样，在标志和广告上使用照明的例子有很多。一般都是直接提高文字信息和符号的视觉认知性，但是现在有越来越多的情况是将广告与路灯结合等多功能的广告，有时为了让建筑和构筑物看起来更美，也都需要用到广告。

① MIKIMOTO GINZA2

塔楼外观上开了大小各异的多扇窗子。从每个窗子中都射出了照亮室内的光与照亮窗框的光。通过调节光线，建筑整体看上去像是在呼吸一样慢慢膨胀。根据每个季节的不同还有相应的色彩。

兼有广告与照明功能

路上安放的照明招牌通常作为街灯使用。将它们连续安装也可以明确划分界线和领域。

② cross gate

整齐排列着的发光圆筒从远处看，能够提示人们广场在何处，走近后在上面还有设施的说明指南，并且还可以照亮广场。

③ 涩谷站

在站台内的一根柱子边设立的陈列柜。陈列柜里的光既是指路标记，也为提高空间亮度作出了贡献。

赋予景观活力

广告可以打乱景观的和谐，很容易制造出混乱的气氛。但是另一方面，在繁华商业街上，通过多样的广告灯光的聚集，可以让夜晚显得热闹非凡。

④ 新宿歌舞伎町招牌

繁华商业街入口大门处以及后面大量店铺招牌的照明看起来融为一体，充分展示了这条大街的深意和活力。

⑤ 拉斯韦加斯的招牌

拉斯韦加斯街道上有各种各样的电子招牌。灯火通明令人难以相信这已是深夜，让人深感不夜城的魅力。

⑥ Q-FRONT

建筑物的正面是一整面帷幕墙，上面安装了巨大的显示屏，在涩谷的街道上，常常会有广告和新闻轮流播放。它已成为涩谷站前的标志，也象征着这条街的变迁速度。

将图像显示在建筑表面

市中心的商业大厦中，有很多都在正门处选用了透明材料，从内部照射的光线和显示在建筑表面的标志，可以加深品牌给人的印象。

⑦ LOUIS VUITTON　名古屋荣店

镜面制成的外墙与外侧的金属结构一道产生出了云纹。并且镜面的墙体与街道的风景重叠，创造出了复杂的墙面花纹。

⑧ PRADA 青山店

⑨ CHANEL 银座店

⑩ LOUIS VUITTON 六本木店

⑪ Christian Dior 银座店

⑫ Cartier 青山店

⑬ UNIQLO 银座店

15.为城市创造标志

城市中有特色的建筑，可以随照明布局方式的不同而呈现出与白天不同的夜间效果。很多情况下，我们配合建筑设计而采取与其相辅相成的照明手法，使光照的明暗对比分明，以此来提高建筑的视觉效果。但是，对大型建筑的投光照明会为其周边地区带来很多光危害。因此，我们必须权衡其照明效果及其产生的危害，不可轻易实施。

①六本木建筑群·森大厦
外部投光与内部办公室灯光交相辉映，勾勒出该建筑的轮廓。因此，该建筑不仅成为周边地区的显著标志，同时也成为该建筑的性质是商业办公的象征。

从内部设置照明

从建筑的内部进行照明，可强调建筑物构造，给人以轻松感及透明感，并且可以明示人的存在及活动。

②扬基公园
与神户港相邻的扬基公园港湾塔和海洋博物馆。由于在建筑内部设置照明，所以使这两个建筑的形状与色彩形成了鲜明的对比效果。

③晴海客运码头
低层部位照明采用分散设置低色温的光源，而高层玻璃部分照明则采用色温较高的光源，以此来塑造建筑的整体照明效果。

④卢浮宫美术馆
玻璃金字塔

卢浮宫美术馆的入口。夜间桁架结构被照亮，从而塑造出玻璃金字塔的整体形象。

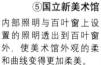

⑤国立新美术馆
内部照明与百叶窗上设置的照明透出到百叶窗外，使美术馆外观的柔和曲线变得更加柔美。

外部投光

为大型建筑设计外投光照明时，由于可从各个角度捕捉其视觉效果，所以，要求没有眩光。通过调整灯具与对象物的距离和角度，可以改变其视觉效果。除了被照明的建筑物以外，投光照明的灯具布置本身也属于设计的一个环节。

⑥清水寺

作为京都标志的清水寺灯光照明效果。从该建筑的底部到墙面以及屋檐的侧面均进行照明，从而强调了该建筑的细节装饰部分。

⑦红砖仓库

为了使红砖看起来更加漂亮，采用了暖色光进行照明。由于周边建筑没有与其相同的色彩，所以从远处可立刻识别出红砖仓库。

⑧梅田蓝天大厦

2个大厦由最上方的空中庭院连接，从该部分的最下方进行投光照明，从而凸显其独特的构造，就像它的名字一样悬浮在空中。

⑨绿洲 21

从建筑下方进行投光照明，有效强调了其形体构造，并赋予建筑物一种漂浮感。

⑩银座　和光

对该建筑的外部墙壁以及钟楼等富有特色的部分进行投光照明，增强其形象感。

强调轮廓

通过只对轮廓进行照明，可表示该建筑的形状以及大小。方法包括为轮廓设置点光源、只对轮廓进行投光照明或把建筑物作为侧影观赏。

⑪札幌电视塔

在札幌街头具有标志性的建筑札幌电视塔的边缘处设置照明。

⑫冰川丸

通过点光源装饰船的轮廓，光照效果为船营造了节日的氛围。

⬤ 16.街道一目了然

凯文·林奇列举了构成城市印象的五要素，即：通道、边界、区域、节点及标志。如果在照明光线的配合下，这些要素在夜间更加分明，可使布局复杂的街道一目了然。另外，将照明光线投射到街道的特定部位以及具有特色的建筑上，可使被黑夜埋没的城市魅力重新光芒四射。

*《城市意象》,凯文·林奇,丹下健三,富田玲子译　岩波书店（1968）

①东京塔
在很多城市中，电视塔属于引人注目的建筑。通过对电视塔的投光照明，可帮助夜晚在外的人们进行空间定位。

⬤ 让人感受地形

通过对山川、广场、高低差等地形实施照明，可赋予该地区独特的夜景。地形与灯光交相辉映，可凸显该地区的独特个性。

②富山市八尾町
对河边向上突起的山崖村落投以柔和的灯光照明，可感受到其独特的地形和生活气息。沿着河流连续设置灯光，从而营造出水面上的倒影。

③布达佩斯
多瑙河河岸建筑以及高架桥被灯光照亮，灯光连续倒映在河面上，从河的两岸可感受到街道无限延伸的视觉效果。

④长崎
连绵起伏的地形在夜晚看起来更有立体感。街道的灯光照明像似环抱着长崎港，从而强调了错综复杂的海岸线与街道的细密肌理。

⑤福建省龙岩市
使用特殊的彩色光将街道中央的河岸进行照明。虽然称不上是与周边景观相协调的照明，但在夜晚相聚河边的人们则远远多于白天。

塑造地标

作为城市的一种标志，大型建筑很容易成为定位方向的基准。夜晚的照明可提高其可识别性，更容易定位方向与距离。

⑥ luxor sky beam

在锥形建筑的顶端设置探照灯。由 39 个 7000 瓦的氙气灯集结而成的光线，被誉为世界上最明亮的人工光。身处拉斯韦加斯街道的任何角落，只要寻找到空中的光线，便可确认方向。

⑦ SHIBUYA 109

在斜向交错的三岔路口，路边的建筑十分显眼，容易成为标志性建筑。在三岔路口较多的涩谷，作为典型建筑之一，通过夜间的照明，不仅可以提升路边广告的宣传效果，而且还可强调街道的标识性。另外，还可在不同时间根据广告的内容要求调整照明。

维也纳街道的哥特式大教堂。教堂顶部设置了最亮的灯光照明，提高了从周边的可识别性。

⑧斯特凡大教堂

标示轴线

从远处看到的城市夜景，可以找到干线道路以及铁路等都市主轴线。城市的轴线比起白天，夜间的辨识度更加明显。不仅显示了都市的个性，而且使城市的构成更加清晰。

⑨一号国道线

⑩纽约百老汇

⑪明石海峡大桥

在夜晚容易迷失方向时，通过加强干线道路以及铁道、桥梁等轴线的视觉化效果，可使街道的布局和途径更加明瞭。

光源随想

就像我们不经意地把"点灯"说成"开灯"一样，的确，把"照明"说成电灯的代名词也不为过。从历史来看，我们用 B.C/A.C 以及战前战后等来表示重大历史阶段，而从灯的变迁来看，应该是以电灯泡问世的前后来进行定位的。从这个意义来讲，电灯与灯有着密切的关联。

闪烁的灯光所产生的阴影柔和深邃

在电灯泡出现以前，我们人类很长时间都是将火焰作为光源来使用的。正如我们追溯能源的变迁一样，光源的变迁历经了自然物的直接燃烧、煤油、蜡烛以及煤气这样几个阶段。以电能作为光源的电灯泡的发明以及实际应用，彻底改变了灯的世界。这也促使了白炽灯泡的问世以及拉开了电灯时代的帷幕。自从白炽灯泡问世以来，多种多样的光源被研究以及实际应用，我们的生活从此也变得非常方便。所谓的"方便"，是指我们可以轻易地确保明亮。进一步说，即我们可以自如地控制其亮度以及照射方向。在可获得过剩照明的今天，我们才恰恰可以说"过去的灯有情趣所以好"。我们为了消除黑暗带来的不安，以及为了得到必要的触手可及的光亮，而从不厌倦地一直不断追求。

温和的照明暗示着人的存在

并且，在 20 世纪末迎来实际应用的 LED（发光二极管），在 21 世纪初的今天迅速兴起，并且使我们拥有了新型光源。大家都知道，LED 是拥有众多可能性的光源、我们可以通过数字信号来控制其明暗以及调光、色温以及光色的变化。并可以替代耗电多的以前的光源，并且我们正在逐步扩展其用途。光源是照明的重要因素，我们必须发挥其各种长处。白炽灯泡的灯丝可发出优质光亮，气体放电灯拥有效率高的优点；而 LED 在上述的功能以及性能方面拥有独特的魅力。因此，其并非单纯地只与简单调换代替光源相关联。

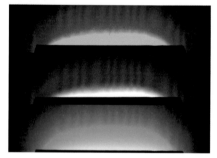
多彩的数字化 LED 照明将开拓新时代

最近，由于二氧化碳增加所导致的全球变暖问题引起了社会的关注。因此，从降低二氧化碳的排放量开始，各个领域都开始提倡环保。在照明界，白炽灯的限量生产或者停产问题也浮出水面。直言不讳地说，通过消耗电力的数值比较，可以促进人们节能，但是我们却会常常偏离注重照明的观念以及追求创意的轨道。

控制相关场所的相应灯光以及调光、调整照明时间等多方面的节能是应该可以实现的。除了从白炽灯泡到荧光灯泡的置换之外，我们也需要记住发掘其他技术以及智慧。例如，推荐照度以及维护保养率的重新审视，并非追求平均照度的浓淡空间的营造，都是可以在推进减少耗电方面做出贡献的。

设计必须承担其中的一部分。为了下一步，电力与设计这两个环节的关系会十分紧密。因此，我认为是可以创造出不只局限于匆忙替换的光环境新时代的。

TOMITA lighting design office　**富田泰行**

第三章

打动人心的
照明手法

针对空间中的构成行为，照明所起的作用除了提高视觉作业的明视性之外，其他的作用一直被低估。但是实际上，照明的作用却不小。因为照明容易在不知不觉之中给人以影响。各种照明的强度以及位置、色彩等不仅只作用于心里，也可直接作用于人的行动。

本章将列举与人相关的 12 个主题。并且以实际例子为中心，说明光的设计是如何打动人心的。即使只针对一个行为，也尽量列举不同的照明手法，并且来明示照明设计的多样性。

以行为为中心来说明照明设计的作用，至今并不多见。但是，理解这样的关联，会让人们更加信服以提高空间功能为目的的照明设计。在满足什么样人的活动，或者是防止人做什么样的活动方面，照明所拥有的力量是绝不可低估的。

● 1.迎接

在迎接人的时候，照明起着非常重要的作用。通过装饰正门以及门周边的正面部分来强调入口。通过沿着道路设置照明起到引导人的作用、通过玻璃，可看到建筑内部的光。从而可提升对建筑内部的关注度。另外，在玄关以及接待处等实际上迎接人的地方，通过适当的照明角度，可让双方知晓彼此丰富的表情。

① 东云 kyanaru 公寓

通过投光照明而使集体住宅区的房檐变得明显。投向顶棚的照明，比起对地面的照明，从远处更易被识别，这样的手法可称作"欢迎至上"。其可分为整体均等的照明以及通过聚光灯等进行局部的照明。与其类似的手法还有入口部分的天篷、布棚屋顶、入口门帘、旗子等照明。

■ 强调入口

尽管是入口难以识别的建筑，通过照明而使入口周边变得醒目，从而提高从远处的认知度。并且使人们看到照明本身就有吸引人注目以及欢迎到来的效果。

② 曾根邸

通过对入口的墙壁进行投光，保持前面墙壁的黑暗，从而达到向内部空间引导的效果。

③ The Gift of Lights

引导汽车开进活动会场，配合其通行的速度而设定照明的间隔。

④ RPG 大厦

在入口内部的墙壁设置点光源，使其整体发光。墙面光点呈无序构成，顶棚以及墙壁的光交相辉映，使整个走廊倍感明亮。

⑤ MGM Grand Las Vegas

商业设施洗手间的入口处，在正面墙边设置台灯。

⑥ Santa Fe 住宅

美国新墨西哥州的传统圣诞装饰——灯笼（由纸罩与蜡烛制成）。沿着道路一直到各家玄关沿路设置，热情迎接来客（基督精神）。

⑦ twin parks 汐留

集体住宅的墙壁上安装着壁灯，人性化的照明为您带来回家的安心感。

展现内部的照明

通过入口处看到内部的照明，可易于感觉到人的存在感，并且可提升对该空间的兴趣。在欧美，很多住宅的窗户上都安装了只为了迎接来宾的迎客灯（welcome light）。圣诞节时的窗边灯饰也起到了同样的作用。

⑧五岛纪念馆
通过把入口附近的道路照明控制在许可的最低程度，从而使内部照明看起来更明显。

⑨twin parks 汐留
将入口外部的树木照亮，从而提高内部外部的视觉连续性。

⑩川越市一号街道
闭店之后店内依然点亮部分灯光，不仅可以宣传店铺而且也会给路人带来安心感。

⑪syeruguran 成田
通过照明展现入口大厅，从而加深对该建筑的印象。

⑫Berrick Hall（贝利克会馆）
通过窗户泄露出的光线可从外部感受到建筑内部的温暖气息。

为迎接场面照明

迎接进入建筑的人所使用的照明，要适合于看得清对方的面部及各种各样的表情。在酒店以及大型商业设施中，常常以增加光源来营造出华丽的空间氛围。

⑬六本木 hiruzu
入口内部高高的顶棚上的大型吊灯可加强对该设施的整体高品位印象。

⑭Paris Las Vegas
设置在酒店前台的枝形吊灯，恰当地显现了来宾与迎接者彼此脸部的造型立体感。

2.引导

人们常常下意识地想要进入明亮的场所。这是因为许多动物与昆虫都具有向光性。虽然人们可以根据后天经验获得部分知识，但是另一方面，就像婴儿朝向光亮的方向一样，有些事情是与生俱来的。在火灾逃难而辨别不了方向时，大多数人选择逃向看得见光亮的地方。作为引导人的照明手法有以下几种：沿着通道设置的连续灯具、提高引导方向的亮度、与周边相比凸显引导地的光亮程度。还可反映寻找场地的特征以及气氛。

①六本木 hiruzu
从扶手与壁龛之间投来的柔和光线照亮踏面。光的连续性可使流线更具有辨识度。

设置连续灯具

通过在地板以及顶棚设置连续光源，可使通道的连续性更易被感知。在设置了照明的通道旁，行人更易辨别方向。为了分散擦肩而过步行者的流线，有效的办法是改变前后配光。

②东京国际广场
在墙边以短间隔设置灯具，不仅具有流线上照明的功能性作用，也成为广阔空间内的独特景致。由于建筑构思与照明计划的意图是一致的，因此不会使广阔空间给人松散的印象。

③ Alpha Resort Tomamu
用走廊照明光色连接前后两个空间。向地板投以简单的照明，这样不仅满足了流线行走所需功能，同时也能对两个个性化空间起到连接作用。

④六本木 hiruzu
在瞭望台与外部相连的通道边缘，设置线型延伸的灯具。

⑤ 21—21DESIGN SITE 通道
为沿着通道排列的喷泉设置照明，兼具室外空间的美化与引导人的功能。

强调高度变化

在楼梯或扶梯等上下移动的场所，强调高度的变化，从而催促上升或下降的行为，并对其体验赋予刺激。

⑥东京大厦 TOKIA

在楼梯或扶梯扶手处设置灯具，并让其提供不过分张扬的空间照明，从而满足人们的步行功能，从下向上仰望时，接受了间接照明的墙壁渐渐集中，可使微暗的顶棚看起来更高。从上向下俯视时，可在正面看到细长的入口，并且依靠上下光照的相互平衡调整，从而便于垂直方向的行动。

⑦横滨红砖仓库

楼梯的踢面部分发光。受照的水平踏面层层叠叠，可为您带来戏剧性的上升体验。

⑧青叶邸

在控制亮度的空间中，通过发光的台阶来体现空间上下的连续性。

感受纵深的延续气息

即使通道本身并不清晰，但是只要有指示通道的标志，就可起到引导作用。想要无意识地引导人，有效方法是：给人以空间在向纵深延续的标志，或者让人有种纵深处有什么新鲜事物存在的期待感。从隐蔽场所渗出的光线更易于使人对其存在感兴趣。

⑨藤井女士门诊

从分岔口的隐藏空间中透出光线，可辨识空间的连续性，与直接看到对象物相比，使其若隐若现可增强对目的地的好奇心。

⑩月岛

小巷里的店铺招牌设立在大街上。虽然店铺内部的光线很朦胧，但是通过招牌便可感受到店内的热闹。

3.预防绊倒

即使是白天再不明显的台阶差，到了夜晚也容易使人绊倒。为了确保行走的安全，理所当然地应该给予其充分的照明，以提高路面的辨识度。另一方面，为了使用最小限度的照明来确保行走的安全，我们必须根据路面情况进行设计。在此，介绍一些预防在黑暗中被绊倒的照明设计。

①涩谷 饮食店
顶棚一端发出的演色性很好的照明使得整个空间更加柔和。台阶上的脚灯不仅有助于辨识阶差，而且同时具有重点强调的作用。

辨识台阶差

在下台阶时，通常比上台阶时更难辨识台阶的阶差。在照明较暗的台阶上，通过在踏面边缘的两侧制造亮度差异，从而明确台阶差的手法是十分重要的。并不需要照亮整个台阶差，只需清楚照亮一部分即可起到提醒注意的作用。

②武藏工业大学 14 号馆
在铺着玻璃的台阶上，不对台阶整体进行照明，而是从低处照亮脚下。这样，既可保持空间的暗，同时，步行者的动作在外面也清晰可见。

③东京国际广场
在楼梯的向上部分设置上部的下照灯，提供连续性照明。

④ FRAME
在踏面内部设置光源，可从远处便知道楼梯的存在。同时也可以自然而然地迎接人的到来。

⑤ M—SPO
只阶差上部边缘设置照明从而使阶差更加醒目。并且，也可体现其作为娱乐场所所具有的热闹繁华。

⑥ Grand Mall 公园圆形广场
环绕圆形的下沉广场周边设置灯具，不仅可以辨识台阶差，而且可吸引人在广场坐下。

⑦ Sony 大厦
用投光灯对楼梯的中央步行区进行等间距照明。投向楼梯平台和墙壁的照明用来表示楼梯的尽头以及横向边界。

⑧新风馆

将下部台阶用强光从高处进行照明，将照明灯的数量减少，从而可突出台阶的高度。

⑨ Thomas&Mark Center

仅通过扶手下方的 LED 对室外的扶梯进行照明。为了提高黑暗中扶梯的辨识度，在脚下增加设置最低限度的照明。

辨识路面界限

没有阶差的平坦路面，即使在黑暗中也可步行通过。但是若无法辨识路面的宽度以及进深，就会产生安全隐患，即使安全也易使步行者产生不安。

⑩门司港车站前

在栏杆边缘等距离设置脚灯。不仅明确了人行道的宽度，同时也可引导人们前行。

⑪ 21−21DESIGN SITE 通道

在水面与人行道的界限上设置可辨识的蓝光。连续的蓝光可使行人感到水的流动。

⑫台场

在通向游览船的桥两端以及中央部分设置照明。由于灯具设置在低处，因此不会妨碍观看周围风景。从远处，可感受到桥的漂浮感。

⑬东京大厦 TOKIA

扶手部分的光线明示台阶的梯差以及宽度，从而有利于步行者使用。通过光照形态来提醒靠近的人们这是台阶。

● 4.感觉舒畅

以感觉舒畅或抚慰人心为目的的照明方法，一般有降低色温、降低光照位置、使空间不过于明亮。并且，利用间接照明或扩散光，可易于创造使人静心度过漫长时光的空间。若想在公共空间中感觉舒畅自在，有效的办法就是调光。

①多层方木盒式房子

面朝里院的住宅浴室，提高了与外部的连续性。以放松身心为目的的浴室，由于每个人的生活方式和喜好是多种多样的，因此也可在照明上予以呼应。

■ 分散低处的照明

通过在低处分散照明、降低光照位置从而容易营造出静谧的空间。并且，通过分散照明，可确保特定场所中所需的最小限度的光亮。

②延伸向天空的房子

带有天窗的独立住宅的厨房（DK 兼餐厅的厨房）。上方光线只有白天从天窗射入的阳光，除此之外，壁灯的扩散光照亮周围。即使日暮时分的暗淡天空，这里的人工光也不会妨碍感受天空暮色的色调与变化。

③城市大厦（城塔）city tower 高轮（左上）

④曾根邸（右上）

⑤东京 twin parks（左）

通过配置台灯、落地灯、壁灯等，将顶棚上的亮度控制在最低限度内。通过将照明配置在低于人视线的位置，可避免妨碍观看窗外夜景。以放松身心为目的的空间中，地面以及家具多用低反射率材料，从而使光线不易向周边扩散。

用扩散光包围空间

将空间中的主要灯具设置成间接照明或由日本纸或白色镶板投射出的扩散光，可制造出具有张弛视觉效果的小空间。被柔和灯光包围，也有益于平复情绪。内部装饰的配色也多采用对比不太强烈的颜色。

⑥东光园

旅馆餐厅采用柔和照明，由于大型照明灯具均匀发光，其亮度不会过高。

⑦ Treasure Island

在浅色的内部装饰中，主要采用间接照明。给予轻快印象的同时又保障了安静谐调的就餐环境。

⑧ Cafe Banda

在墙壁饰品投射窄光束光，由其反射的光线提供空间的亮度。

兼顾华丽与舒畅

既想促进沉着行动又想使空间感受华丽时，可通过增加灯具或制造出利用反射产生的照明效果来实现。

⑨ The Arizona Biltmore Resort

⑩ The Venetion Resort Hotel & Casino

旅馆的大厅，是人们短暂停留的大型空间，要求华丽与舒适并存。在统一化的内部装饰中分散布置灯具，使闪耀的光线点缀其中。

⑪庭院中的日本料理店

在餐厅可以看到庭院中的照明。通过降低光照位置，使人在最小限度的照明中感受庭院。在不过度影响餐厅的情况下设置照明。

5.感觉愉悦

很多人一同聚会的场合，以提升愉悦为目的的照明手法有：消除空间感、制造明亮的活动氛围、对比鲜明的非日常灯光。但是，布置使人感觉愉悦的灯光，不一定等同于制造使人感觉愉悦的空间。若想使照明与人的活动保持一致，则必须赋予光线一种空间漂浮感。

①弗里蒙特街道
在长 450 米的拱廊顶棚上设置 LED 大型屏幕。当节目影像播放时，相邻建筑的外部照明全部熄灭。在商业建筑中，多数大屏幕本身就具有照明作用。

营造黑暗与华丽灯光的对比

华丽的灯光在黑暗中更显闪耀的华美感。控制人所在空间的亮度，可促使沉着行动，通过与华丽的强光进行对比，从而强调黑暗的非日常性。

②拉斯韦加斯的赌场
在赌场的大空间内设置大型的枝形吊灯。由于可直接看到许多小光源，不仅可以感受到顶棚的明亮，还可以限制地板的照度。

③ Club Lizard
  YOKOHAMA

用各种角度的聚光灯只对舞台进行照明，周围部分保持黑暗。配合反光球的转动提升其戏剧性。

④拉斯韦加斯的餐厅
吊于顶棚上方的大型灯饰营造出空间整体的华丽感，餐桌上的蜡烛制造出微小的灯光群。

⑤ Café Sora

通过高处顶棚的投光照明制造出强烈的空间感。用微弱的照明来控制地板的亮度，从而促进亲密交谈。

提高整体的明亮度

空间越明亮就越容易使人清醒。若想添加使人愉悦的效果，则需在改变光的样式以及角度方面下工夫。

⑥意大利餐厅·希洛·普里莫

在大型餐桌上设置的灯光作为主要照明。桌面的光与跳跃的顶棚光上下包围。为了使餐桌上的餐品不会因逆光而看不清，添加使用了下照式投射光。

⑦涩谷 AX

现场演奏厅的休息室中，在半透明的墙壁上安装了荧光灯。在镜面顶棚上反射出光线以及人们的身影，增添了不少华丽感。

利用异质光线

利用平时较少使用的彩色光，同时调节亮度和照明位置，可让人心情愉悦。声光同步设置也是有效的方法。

⑧泰特现代美术馆的 Olafur Eliasson 装置

使用橙色单波长光充满大型空间的装置。通过使光色以外的色彩消失，可打造出非现实空间，同时单纯地提高发光面的效果。人们朝向模仿太阳的光源躺下，看到顶棚镜子上反射出的自己，可获得巨大的融合感。

⑨Rio Suites Hotel Casino

在赌场等多人参加的娱乐设施中，艳色霓虹灯或金属反射板可营造出闪耀的非日常空间。闪亮的发光部分会随着外表面积越小、数量越多、密度越高而越体现其效果。并且随着那些光的跃动，闪耀的效果更加明显。

◉ 6.促进亲密对话

　　人与人的对话不仅受谈话人的影响，也深受周边环境的影响。在明亮轻快的氛围中容易进行活跃的交谈，在幽暗安静的环境中容易进行愉快缓和的对话。在此主要以饮食店为例进行说明。在就餐场所，享受交谈时，光线比观赏美味的料理更重要。

①毛利 salvatore
为了使空间不过分明亮，只对脚下和顶棚设置照明。为并排而坐的两人配置不炫目的灯光，从而营造平静的、可缩短心理距离的空间。

◼ 保持对话场面的幽暗

通过不过于强烈的光线照射谈话人，有助于消除紧张感的愉快谈话。通过照亮周围，可使空间整体产生明亮感，并可引导视线。相比于面对面的座位，并排座位或夹角座位更有益于轻松交谈。

②青叶亭
通过光照来表现店内的榉树枝叶，并使空间内外的榉树产生关联。另外，为了能看到菜单和料理，用下照式聚光灯照射吧台和桌台坐席，其他部分则采用嵌入墙壁的微光照明。

③伊达的牛坛
将厨房照亮，可清晰地看到厨师的动作。与此同时，减弱对桌面之外部分的照明，可以让客人在轻松的环境中就餐。

④拉斯韦加斯的餐厅
通过在顶棚设置间接照明而使地面明亮。不仅营造了空间的明亮感，而且使座位周围光线幽暗。

在圆圈中设置小灯

保持幽暗的房间里，在人们围坐的圆圈当中设置小灯具，以小灯为中心，可强化彼此间的联系。

⑤拉斯韦加斯的餐厅

起伏的顶棚表面以及高彩度的内部装饰材料，在幽暗的地面灯光映衬下并不十分突出。餐桌上的灯光为新的空间赋予一种宁静感。

⑥ Hotel Del Coronado

在旅馆的楼梯上设置的餐桌和椅子。为冷清的楼梯平台赋予人的气息、桌上台灯制造出私密空间。

⑦毛利 Salvatore

餐桌上的酒精灯使意大利料理看起来更加新鲜。同时使玻璃杯更加晶莹闪耀。以灯光为中心，人们的视线更容易交织碰撞。

⑧自由之丘的餐馆

餐桌上的一支烛灯，使围坐餐桌的人们的表情看起来更加丰富。

⑨城之眼

分散布置的顶棚灯具和桌上台灯，能有效兼顾空间整体性与每个餐桌的私密性。

⑩六本木的餐馆

在圆形餐桌中心设置灯光，能起到聚集人群的作用。

柔和照亮对方面部

在面对面谈话的场合，看清面部是十分重要的。清晰地看到对方的面部表情、塑造自然的阴影可增添彼此的魅力。

⑪季风 cafe

在餐桌上放置蜡烛，不一定恰当地照亮面部。但是摇曳的烛光可以促进情感的产生，并且能使眼睛闪耀光芒。

⑫ Bar 524

在餐桌的外侧稍低位置设置照明灯具。可使餐桌上不过于明亮，并且可用柔和的灯光照亮客人面部。

● 7.支持桌面工作

精细视觉作业要求给予作业面提供充足的照明，并且使手边没有阴影。但是，在观察亮屏对象时，不一定给予作业面照明。一般来说，高色温照明比较适合需集中精力的行为。另一方面，以思考作业或交流为主体的场合，多数比较适合低色温照明。

①北九州市立中央图书馆
在清晰地看到弧形、高高的顶棚的同时，为提高照明效率，将照明灯具吊在低处从而确保作业面的照度。

■ 使空间整体明亮

所谓使空间整体明亮，除了指提高可视性以外，还包含了驱赶睡意、振奋精神、提高组织整体感。在此意义上，不仅针对作业面，同时提高顶棚的明亮程度也十分重要。当作业的位置以及视觉对象不固定时，有效的方法就是对空间整体进行均等照明。

②日本大学理工学院骏河台一号馆
根据大教室中的布置，有效地对水平面的桌子和垂直面的黑板进行照明。

③骑西町终生学习中心
发光面的形状呈现多样化。

④南内华达社区学院
学校的专题研讨室中，采用荧光灯进行均等照明。

⑤富士幼儿园
在顶棚上分散布置白炽灯。每个开关控制三支灯。

⑥骑西町终生学习中心

用间接照明从两侧柔和照亮曲面顶棚，在顶棚中央设置直接照明照射书架。

⑦万宝至马达总公司大厦

为了突出 33.6 米的 PC 梁稳定曲面的特征，采用上照灯对下部的楼板面进行照明。同时采用直接照明对桌面提供照明。

⑧仙台媒体中心

设置均等照明，同时，有节奏地布置荧光灯。

不制造阴影

由照明灯具或窗面产生的阴影会引起视力或作业效率的降低。因此，特别是在作业场合，通过调整配光而使强光不直入视线，以及不射入电脑屏幕。

⑨某办公大楼

在建筑构造的凹槽内设置照明灯具。高亮度的内部装饰制造出扩散的光线，使得直接光与间接光相互平衡。通过在狭小的间隔中突出梁，从而可减弱阴影。

⑩横滨的保育园

以白云漂浮于天空的印象为理念设置照明。通过间接照明，保持顶棚表面的明亮，制造出柔和的空间。

作业的局部照明

空间中，选取某些视觉作业区、或只能部分利用等的情况，有效的方法就是分区域按需提供照明。并且，按作业者提供照明，有利于明示各自的领域。

⑪武藏工业大学图书馆

对隔间的读书区域提供局部照明，只在使用时才开灯。通过有无照明可了解其利用状况。

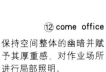

⑫ come office

保持空间整体的幽暗并赋予其厚重感，对作业场所进行局部照明。

◉ 8. 感觉安心

街道的路灯，首先是保证行走需要，要求能清楚地看到路面。其次，为保证步行者安全、防止路上发生犯罪行为，即使发生，也可及时发现或采取对策。因此，路面的明亮程度、他人靠近时可辨别对方面部以及采取相应措施的明亮程度是必要的。并且，通过，提醒人们注意，显示人的存在感等，也可有效预防犯罪。

①相仓村五山
三脚形建筑入口处透露出来的光线。建筑内部发出的光可以使人联想到建筑内部人的生活与活动，同时给室外行人一种安心感。

◉ 不留黑暗角落

由于黑暗角落是附近居民不常注意的地方，因此抢劫、车内盗窃会在此发生。街道的路灯可以照亮路面的黑暗角落，但是路灯越明亮越容易衬托周边的黑暗。

②八户市
蓝色调的街边路灯可制造沉静的效果。由于在环境中比较醒目，可能有助于预防犯罪，但对此尚无明确结论。

③自由大道
高杆路灯的灯光可提升路面辨识度，而低杆路灯的灯光有助于识别步行者或判断与建筑物间的距离。

④自由之丘停车场
24 小时开放的车站前自行车停车场。用灯光照亮自行车盗窃或人身攻击高发地的各个角落，不留黑暗死角。

表现人的存在感

住宅内部照明或商店展示橱窗照明的光线透出到外面，不仅为街道提供照明，也表达了人的存在。每盏灯即使并不十分明亮，却可感受到有人存在，并且分散设置灯光可有效防止犯罪。

⑤富山市八尾町

建筑内外均设置了柔和灯光。在路面上设置步行所需的最低限度的灯光。人们的生活情形被呈现给路面上，所以步行时不会产生不安。

⑥横滨市绿区

住宅的玄关灯不仅可以起到迎接家人或来访客人的作用，也可预防街道犯罪。

⑦祇园

街道上排列的招牌灯光和店铺内部的灯光，可以使夜间街道比白天更有人的存在感。

⑧ BEAMS 町田店

打烊后依然点亮的橱窗灯光，不仅有广告效应，也是构成街道光环境的重要因素。

⑨便利店

人们都知道，便利店均为 24 小时营业，因此一直都有人存在。便利店的灯光可作为人存在其中的象征。即使街道上空无一人，也会给行人一种安心感。

反映人的光线

在步行者稀少的街道或室内走廊，通常不点亮所有的灯光。大多设置有人靠近时才亮的照明。不仅节能还可成为人存在的标志。

⑩消防队的回转灯

当有汽车开出停车场时被点亮的灯。这样可告知步行者有车经过，从而防止事故的发生。

⑪住宅的玄关灯

当步行者路过住宅前方时，玄关灯点亮。

9.孕育恋情

在公共空间内的男女自然依偎时，光起着非常重要的作用。不论是夜晚眺望街边风景，或者是两人身边有微小灯光都能制造出浪漫气氛。当从水边或高台观望夜景时，必须排除干扰视线的灯光。并且为了守护恋人间的私密空间，降低羞涩感，不要对人进行强光照明。

① 红砖公园
在海岸线围栏的柱子上设置照明。在眺望正面的夜景时，光线不会进入视线，并且灯具的排列可使其与水面的界限变得明确。

不直接照射人使周边明亮

在眺望夜景的场所，为了制造两人愉悦的时光，除了要确保该场所的辨识度与安全性之外，使伫立于此的两人不过分显眼也是十分重要的。从周围不过于明晰地感到两人的存在是必要的、但如果完全黑暗，则会产生安全、防范以及风纪上的问题。

② Bellagio Hotel and Casio
在人工湖围栏扶手下方设置照明灯具

③ rarapoto 丰洲
将海边的造船码头遗迹改造为商业设施空间并进行改造的广场。朝海设置的白色二人座椅，每个座椅后都设置白色灯光。既有存在感，且可保守落座人们的隐私，让恋人被静谧的气氛包裹。

④横滨港大栈桥客船码头
可眺望夜景的客船码头甲板。保持沿海道路的黑暗，从后面照射的光使地面显得朦胧。

⑤横滨未来港口
用来辨识游览步行道的台阶照明。也能让人坐下安心地眺望风景。

作为粘合剂的微弱灯光

在黑暗中的微弱灯光，具有吸引人靠近的力量。尽管适用于所有人，但最需要的是羞涩的独处男女恋人。

⑥羽田机场

机场楼顶平台广场餐桌上的灯光。可看清彼此丰富表情的同时，也可起到区分桌与桌的作用。

⑦ danoi

开放式露台酒吧中设置的烛光。将开放的空间变成私密空间。

制造情调

在饮食店等室内空间，利用间接照明以及彩色灯光来营造情调。另外，与不直接照射人的手法有所不同，黑暗中用聚光灯使两人空间变得醒目，也有助于提升情调。这也是试图引起别人注意的戏剧化手法。

⑧ TMS

侧后方的下照灯将餐桌照亮。桌面是有光泽的材料，因此，由桌面反射出来的光也可使两人的表情看起来更有魅力。

⑨芬兰 cafe

空间中的彩光可产生各种各样的心理效应。蓝色的彩光代表着沉默，可促使人们从内心传达出自己的意志与想要表达的事情。

⑩季风 cafe

来自上方的扩散光线与餐桌上的烛光点缀整个空间，柔和照亮相对的两人。

⑪ BAR 524

照亮人的后方，保持眼前空间的黑暗。即使在室内，却制造出置身于隐蔽处的效果。

⬤ 10.吸引人坐下

为了吸引人坐下而设置特别照明的情况并不多见。但是，通过在利用率较低的长椅上设置照明，则可促进落座行为。在夜晚的户外制造出可以使人坐下来放松的场所，不仅可以提高其利用率，也提升了公共空间的灵活性。即使未被利用，也可使人感受到有人存在。

①埼玉新都心心连廊
长椅仿佛在呼吸般的发出平稳的灯光。

⬤ 使座位表面醒目

通过设置照明而使座位醒目的方法有：直接照明、使其发光、剪影法等。大多认为亮处可坐，或具标志功能。

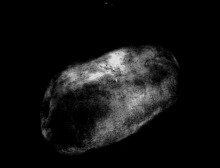

②丸龟市猪熊弦一郎
现代美术馆前广场
设置于美术馆正面广场的发光体。由于每个形状各异，因此形成了空间的光亮斑点。根据所坐位置的不同而产生微妙的不同体验。

③玉川高岛屋
长椅一部分发光，使其更醒目的同时也可温暖照亮座位表面。

④品川车站前广场
镶嵌有LED的玻璃长椅缓慢闪烁。光色随时间呈现不同的变化。

⑤马车道车站
柱子上部的灯光照亮长椅周边，底部灯光照亮路面。无论哪部分灯光都不会照亮落座者。

使台阶差醒目

通过在长椅和桌子底部设置灯光，可使坐在其中的人不过于显眼，同时也可强调其存在。并且，我们并不仅仅坐在长椅这种座位上。即使是台阶或表示界限的低墙，通过使其台阶差变得醒目，也可促使落座行为。

⑥品川中心公园（左）

⑦玉川高岛屋（右）

在室外广场的桌子内侧设置灯光，不仅可以明示其存在，同时也可制造出与白天完全不同的氛围。

⑧品川中心公园（左）

⑨六本木建筑群（右）

在座位表面里侧设置灯具，从而使坐下的人不过于显眼。沿着道路点缀的长椅照明，可照亮步行者脚下道路从而提高其引导效果。

⑩六本木建筑群

在台阶差上设置灯光从而促使人们落座的案例。

⑪拉斯韦加斯的酒吧（左）

在吧台下方设置照明，同时也为靠近的人指引了方向。

⑫北京白杨（右）

在管状的空间台阶差上配置灯光，可使孩子们自由落座。

11.反应行为

作为反应行为的光线，一般使用含有红外线的人体传感器。但是，其反应为被动的、多提前设定光的类型。在此，我们来展示几个将人的动作视觉化的、以构筑人与光相互影响关系的设置事例。

① 2004 年东京设计周

遍布大街的活动宣传按触式灯光告示牌。通过触碰各个举办场所，可把握作品概要。通过看展览情况的画面，从而提高参加者的期待。

反应所触事物

人们通过触摸而反应的灯光，可获取有效信息，也可为机器增加人的存在感。通过可视化行为从而诱发新的行为。

②活动会场的信息板

由不可见光和荧光笔组成的看板上，描绘的图案在黑暗中发光。

③彭博冰 (bloomberg ice)

发送汇率与股票信息的企业信息中心空间。人触碰的轨迹变成光线，同时发出声音。来访者触碰出来的光线，绝不会是一样的，就像每日变动的汇率或股票一样。

④新宿 MIROUDO BOX

通过在玻璃墙面内侧设置的传感器，可感知靠近的人，并可与其配合映射出画面。

映射出动作的影像

映射出的人的影像，与实物相比更大。并且可观看其动态效果。映射影子的对象，必须具有高反射率，与影像载体的质地相配合可提高视觉魅力。

⑤Café Sora

⑥前华沙市政府

在顶棚或墙面上映射出靠近以及过路人的更大的影像。通过改变与灯具的距离可改变其大小，也可用于舞台表演。

⑦影子游戏

由投影机投射出的光线与步行者的影子相重叠，构成了实像与虚像的叠合。

⑧彩色影子

对同一对象投射不同颜色的光可产生彩色影子（彩影），也可用于滑冰场的冰面。

⑨运河城市（canal city）博多

在喷泉中设置的照明将游玩其中的孩子照亮，其影像反射在水面上，使该空间更加热闹。

反映声音以及接近物

受声音控制或人体传感器控制的照明。不仅可以照亮该场所，同时可引起步行者的注意或关注，可提高防范效果。

⑩甜点王国

在店门口的桌子上放着菜单，一靠近，光线就会变色，从而引起人们的注意。

⑪表达恋情的装置

来访者的声音或脚步声可改变其颜色，可用光的颜色来表现细微的心情变化。

12.配合自然规律

人类原本就带有昼行性，保持着在明亮的白天活动，在黑暗的夜间休息的习性。配合这样的自然规律的活动周期可使生理节奏易于保持平稳，而两者周期不一致的夜间工作者身体容易出现问题。利用自然光来表现时间的流逝，在室内复现自然界的光影，从而让人感受自然界的特征。

①太阳光
太阳光随季节、时间、天气情况、云的移动而产生较大变动。白天是色温高的白色光，而早上和傍晚则是色温低的暖光。

用光来唤醒

沐浴于白天的强光之中，具有调整人体生理节奏的作用。在活动量较多的运动设施以及需要集中精力的办公室里，多用高色温、高亮度的照明光，这会使身体充满活力。

②朝阳
早晨被朝阳照射，身体随之醒来，从而人们展开一天的活动。由于朝阳的高度较低，所以光线易于照射到室内空间。

③国立霞之丘竞技场
竞技场的照明为高亮度的高色温照明。一方面是为了确保竞技者的可视性，另外其光线也可提高观众的兴奋度。

使人变镇静的光线

色温低、照度低的扩散光，具有使人安静的作用。多用于以消除疲劳为目的的休息室以及可静心谈话的饭店和寝室。

④ BAR 524
酒吧单人房间区域的照明，低色温光投向墙壁，制造出静谧的空间氛围。

⑤夕阳
夕阳的光线是太阳光中色温最低的光线。并且夕阳西下，天空立刻变成蓝色，在冷色调的背景中暖色调的光辉映在其中。

⑥让纳雷别墅
太阳光从墙壁上方的缝隙处倾泻射入房间。射入房间的光线会随时间的变化而从地面移向墙壁，其反射光会在空间产生阴影。

⑦T邸
寝室的床头灯，由于低色温灯光不会阻碍褪黑激素的分泌，所以可以安静地进入睡眠。

用身体感受自然光

自然光随时间的变化而呈现不同的样子。变化的光线射入室内，不仅可感受自然，还可以直接意识到季节以及时间的变化。

⑧马头町广重美术馆
太阳光从顶棚的缝隙局部射入展览室，与人工照明形成对比。

⑨金泽21世纪美术馆
玻璃墙面的周围布满了植物。既可直接看到植物，通过那里光的纤细阴影可使我们对丰富的自然产生美好印象。

⑩海蓝宝石福岛
太阳光从水族馆的水槽上部一直投射到水中，再现了从海中向水面仰望时的光景。

⑪丸龟市猪熊弦一郎美术馆
位于台阶顶棚上的天窗的梁的影子，随着日落从台阶移向墙面，影子也不断伸长。根据影子的深浅和位置，可感受室外的天气状况和时间的流逝。

⑫森林学校 kyororo
从玻璃面外部积雪的洞穴里向内部射入阳光，可将平时难得一见的雪的断面视觉化，垂直落入那里的光线强调了雪的厚度。

篝　火

　　提到"篝火晚会"，通常浮现于我们眼前的是，大家围着燃烧着的红色火焰，载歌载舞的热闹景象。但少年联盟称之为"营火"，是按照火焰开始燃烧到燃烧殆尽的自然变化，最初庄重严肃、中间热烈盛大、最后回归沉寂，有着这样抑扬变化顺序的仪式。

　　篝火仪式最理想的状况是，一经点火就不加任何人为外力任其自行燃烧，火焰燃尽仪式也随之结束。因此，负责点火的人，需提前考虑预计仪式内容、天气状况、风的强弱等因素来准备柴堆。

　　少年联盟将准备好的柴堆围住，入场完毕，仪式即将开始了。或是手持火把的女神登场，或是壮勇的战士用火箭将柴堆点燃，各种装扮设计和别出心裁的点火场面纷纷上演。

　　大家先是齐声歌唱为火堆助势，等火势渐旺，大家开始表演短剧以及歌舞。火焰时而会高过人许多，火星高高飘向天空，将周围照得耀眼明亮。伴着雄壮的火势，少年联盟的斗志也随之高昂，篝火仪式气氛达到顶点。

　　当预定的节目临近尾声时，柴堆也散塌开来，在地面上静静地燃烧。结束时大家都沉浸在宁静的气氛中，篝火负责人开始庄严的夜话。夜话是引导人生的讲话。大家一边静静地凝视燃烧的火焰，一边聆听夜话。最后，火焰熄灭，只剩下冒着烟的暗红色的炭火，大家静静地退场，篝火仪式结束。

　　我觉得篝火是联系人与光的原点。

　　与现代人们无限度地消耗能源，无论何时何地都是一片光明所不同，提前决定当日耗能，大家围坐火焰周围享受光的变化，篝火教给我们可以让照明在真正意义上变得丰富的基本姿态。

岩井达弥光景设计　**岩井达弥**

第四章

照明设计用语

本章由 3 节构成

　　第 1 节将按五十音图顺序介绍经常使用的照明设计基本用语并进行解说。为了凸显其实用性，在配有实例图片以及相关照明用语的同时明示实例、反义词、同义词。

　　第 2 节将对容易混淆的照明用语和照明设计用语进行解释说明。对主要的照明方式和照明器具相关用语进行分类，明确定义的不同。

　　第 3 节将介绍演示等现场使用的照明设计用语。将对第 1 章出现的各位照明设计师针对⑴在演示现场、照明用语的使用存在哪些顾虑⑵实际演示现场，使用怎样的照明用语，这两点进行问卷调查，并进行整理归纳。虽然其未被确认为照明用语，但这些语言却是实际上照明设计师在现场使用的生动照明用语。期待这些照明用语能为我们提供一定的参考价值。

1.基本用语

引人注目

为了引人注目而设置的照明或照明器具。

壁灯照明引人注目

比起聚光灯等可给予比周围亮 3～6 倍的高照度，这是使目标整体或目标局部醒目突出的代表性方法。通过改变照射对象与其周围的光色等方法，进行各种各样的尝试。

实例▶为了引人注目，使用聚光灯对目标进行照明。在黑暗中，照明是引人注目的因素。

重点照明

使空间整体状况更加紧张的灯光或照明器具。

地板的 LED 重点照明

重点照明的定义为：为了强调某一个特定的对象物，或使视野中的一部分引起注意的指向性照明。
在照明领域中所谓的"制造重点"是指"通过光线创造引人注目的部分、通过光线强调想引人注目的部分。"
"重点照明"的反义词为"一般照明"。
为了强调空间的一部分而设置的照明有时也被称作"局部（point）照明。"

实例▶展示橱窗（show window）的红色照明即为重点照明。重点照明使空间有张有弛。

近义词▶point 局部照明

脚灯

为了照亮脚下而在低处设置的照明器具。

埋入台阶里的 LED 脚灯

有埋入墙面的也有埋入地面的。一般照明上所谓的脚灯，是以确保地面的明亮为目的，设置于低于膝盖高度的墙壁的照明。舞台·演播室使用的照明器具中的脚灯定义为：设置于舞台最前方的地面从下方给予均一照明为目的的连续照明灯具组。

实例▶展灯可确保台阶部分的安全
连续设置脚灯，地板上的光线可引导视线。

● 上照式照明

从下向上照射的照明。

作为制造空间立体感的照明，照射顶棚和墙壁表面，通过隐藏灯具产生的柔和反射光，可制造出非日常的气氛。作为演出照明，从下方照射树木、物体和历史建筑物之后，可制造出白天无法获得的光景，使人印象深刻。

上照式投光灯

实例▶不在顶棚上设置照明器具，在落地灯上设置上照式照明。

● 上照式照明

从下向上照射的照明。

从下方照亮顶棚或墙壁表面的专用照明器具，除了类似于左边图片中的壁灯照明之外，还有落地灯型的上照灯、地下、埋入地板的照明器具等。这些器具多用于给人舒适放松感的大厅空间、以景观照明为目的的树木照明。

上照式壁灯

实例▶在通风处用上照灯制造明亮的开放感。

● 灯笼

在木框上覆盖上纸张、在其中放入煤油器皿点灯的道具。

原本的"灯笼"是按上述说法来定义的，而现代的灯笼已经用人工光源来代替煤灯。使用柔和透光材料包住光源统称为"灯笼"。

庭院中放置的灯笼

实例▶日式房间的屏风、仅用落地式的灯笼光线即可欣赏。
让柱子整体发光使其成为灯笼。

环境灯

获得作业面周围基本的光亮的照明或照明器具。

会议室的环境灯

所谓环境（ambient）含有"周围的""场地整体的"的意思。环境灯的反义词为作业灯（task light）。在办公室的工作室等地、混合使用环境灯和作业灯而构成的照明空间被称作"作业 & 环境灯"。

"环境灯"的近义词为"基本灯"（base light），在多数情况下，环境灯对应的是间接照明，而基本灯对应的是直接照明。

实例▶作为环境灯，提供了荧光灯间接照明 300lx。
若想感受空间的明亮，使用环境灯会有不错的效果。

近义词▶基本灯（base light）

灯饰

带有无数灯泡的灯饰照明或照明器具。

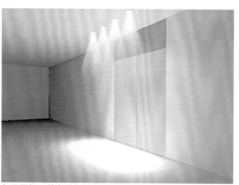

在树木上安装的灯饰

也可叫做"电饰"。在广辞苑中被定义为"用电灯泡或放电管制成的表现物体轮廓的装饰"。

近些年，以圣诞档为中心、在黑暗中直接看到多数的小光源，这些灯饰多作为闪耀的华丽演出照明。除了电灯泡、耗电少的 LED 也得到普及。蓝白的彩色灯饰也被广泛使用于旅游景点、商业区和家庭中。

实例▶作为季节一景、灯饰被用于街头。
从山岗俯视、街道整体都被灯饰包围并且照亮。

近义词▶light up 景观照明

迎接灯

店铺等为了引导顾客、将入口部分设置对比强烈的明亮照明。

与周围相比前方地板被照亮

并非单方面的想凸显该部分、而把握周围环境与照明的谐调是十分重要的。
我们将沿着入口处横长的明亮部分称为"迎宾毯"或者"光毯"。

实例▶为了使外观不过于醒目的设计中，需要设置 welcome lighting 的理念是必要的。welcome lighting 与强调自我主张的招牌照明有所不同。

近义词▶迎宾毯（welcome mat）（光毯）

wall washer

从顶棚或地板开始，制造冲刷效果，均匀照亮墙面的照明或照明器具。

这个手法在提高可视环境的明亮度上很有效。在墙面附近位置设置点光源照明，由于强调了墙面的凹凸，而凸显了材质肌理。也可赋予空间深度。

实例▸在店铺正面里侧墙壁用荧光灯制造洗墙灯光效果，由于其明亮可引导客人进入内部。
若设置 wall washer down light 则墙壁边缘不会过于明显。

由 down light 制造的 wall washer

定位

主要用在室外照明决定照射范围并调整照射方向。

调整泛光灯等的照射方向，并完善光环境。

定位指决定照射范围并进行调整，主要是室内照明用语。
调整（tuning）指配合照明设备特性的细小设备的运用与调整。主要是舞台照明用语。
瞄准（focusing）指为了达到目标照明效果而进行的器具安装的高度、照射方向、光的扩展等最终调整。

实例▸进行最终调整的定位，进行角度调整。

近义词▸定位　调整　瞄准

调整泛光灯的作业

（光的）边缘

由照明反映的明暗界限。

强调光的边缘意识的聚光性强光照明

比起房间中均质的光线空间，通过明确光的界限，可制造出更赋舞台效果的戏剧性照明。

实例▶可联想到透过枝叶间隙漏进的阳光一样，调节光的边缘。

明确边缘

透镜式照明，通过光线将其边缘形成明确的圆。

通过聚光灯效果、凸显阴影界限的照明手法。
通过光学透镜加强其指向性，从而可明确明暗界限。将金属切割、将画有图案的板嵌入玻璃中，光的图案即可投射到地板或墙壁上。

实例▶明确边缘的光线可制造出紧张感。

柔和边缘

轮廓模糊的聚光灯照明

集中照射对象物的光线，但界限暧昧的照明手法。通过反射器的狭角聚光灯可获得该效果。

实例▶获得柔和聚光灯效果的柔和边缘的光线。

edge light

隐藏光源，只使表面露出透明丙烯和只在玻璃端面发光的照明或照明器具。

搁板端面透出蓝光

多用于绿色薄型避难引导标识的镶板、被称为信号灯的电梯到达指示灯、以及广告牌等。

实例▷为了制造效果明显的 edge light，丙烯等透明度高的材料和微小但具有高亮度的光源是必要的。
整齐喷出的水柱即为 edge light。

演出照明

以营造建筑空间的氛围效果为目的的照明。

作为顶棚设计，采用间接照明。

有"创影照明""彩色间接照明""星空顶棚"等各种手法。"功能照明"的反义词多为"演出照明"。

实例▷间接照明也是演出照明，并不会考虑地面照度。正面的墙壁需要一些演出照明。

垂直面照明

以照射对象物的垂直面为目的而实施的照明。

照射　背面的 LED 光壁

利用墙面的 down light 照亮墙面的照明计划

与提高桌上作业效率相关的水平面照度不同，通常来说，视线范围内的明亮感对人会有影响。而实际上指的是垂直照明产生的墙面亮度。
展示照明多用于 wall washer 和学校的黑板照明、光壁、其他重视垂直面的代表例子如博物馆、美术馆等。

实例▷这个房间中特别需要垂直面照明。仅使用垂直面照明就可提供整个房间的明亮。

彩灯

使用彩灯或滤色片制造有色光的演出照明。

使用绿色 LED 强调桥的构造

将被称为"光的三原色"光源的红（R）绿（G）蓝（B）排列一起的照明称为"RGB 照明"。将三色进行调配也可表现中间色。通过混合不同光色的光源来表现空间华丽感的照明被称为"混合灯"（cooktail lamp）。

将使用光色不同的光源而制造出来的物体的影子、相互着色的效果称为"彩影"（colorful shadow）。LED 彩色光灯具的出现，使得在狭小空间中也可使用彩灯。

使用各种胶片进行的光色调整被称为"滤光器工作"（filter work）。

实例 在间接照明中使用彩色光（colorful lighting）
夜晚使用彩色光，可享受到与白天不同的景观。

间接照明

遮挡直射光，使其不被看见、利用被墙壁、顶棚等反射的光线的照明。

荧光灯间接照明

器具的移动

墙壁
顶棚

截止线（cut off line）的移动。

可获得照度但照明效率较低，较适合柔和光线的演出空间。可制造与建筑一体化、使空间的视觉范围更开阔的效果。是使空间整体的阴影更加柔和、柔和照亮人的眼睛、制造柔和光环境的手法。

截止线是为了减少阴影，使灯与高亮度面不直接进入视线的隐藏型技术手法。

截止线进入照射面的、作为区分被照射部分与未被照射面的界限。在间接照明中、将截止线设置于何处是非常重要的。

实例 墙面的间接照明可制造静谧气氛。

近义词 建筑化照明

招牌照明

为了使招牌在夜晚更有效的进入视线而设置的照明或照明器具。

LED 内照式招牌

分为将光源设置于透光材料的招牌内侧、使招牌自身发光的"内照式"以及使用照明器具照射招牌正面的"外照式"。并且，在灯箱文字（使用板材制造招牌文字、在侧面也贴上板材使文字更加立体）中设置光源、通过剪影使招牌文字进入视线的剪影照明（back light）方式。

实例 考虑到生态保护，LED 光源的招牌照明正在增多。
演色性好的光源较适合招牌照明。

近义词 sign 照明

● 功能照明

优先功能的照明或照明器具。

强调配光的下照灯功能照明

"演出照明"的反义词多为"功能照明"。

实例 ▶ 功能照明优先考虑节约能源。

● 基本照明

为了空间基本明亮和营造氛围而设计的照明。

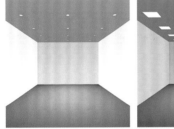 

下照灯一般照明示意　　　荧光灯具一般照明示意

由于明亮度受室内装饰颜色、物体颜色的影响，同时考虑室内装饰再进行设计是十分必要的。并且，比起一般的提高地板亮度（确保水平面照度），提高墙面亮度（确保垂直照度）可扩展空间，使整体照度即使不够亮也可感受其明亮。
反义词为"重点照明"。

实例 ▶ 利用下射灯或荧光灯进行一般照明的设计。

近义词 ▶ 基本（base）照明

● （光的）色晕

光的明暗或光色深浅的阶梯性变化状态。

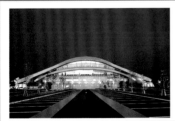

彩色过滤器照明光晕

也指彩灯中光色的渐变。光的色调分为使用滤色片和使用彩色LED两种。

实例 ▶ 赋予光线色调、营造华丽感。

防止眩光

减少眩光（眩目感）。

所谓防眩多指照明器具的性能、在室内视线处于水平位置时，为了使光源不直接进入视线、设计有格栅或控光器的照明器具叫做防眩照明器具。

防眩光下射灯是使用防眩的曲线或材料、抑制刺眼光线或顶棚面器具的存在感的照明器具。

防眩式下射灯

带有格栅的荧光灯具

实例▶为了不明确感到光源的存在而使用的防眩器具。

近义词▶防眩器具、建筑化照明

景观照明

指用灯光照亮室外景色（广场、公园、街道、名胜古迹等）。

将夜间安全照明和制造气氛一体化，为了使景观更具视觉效果而设置的照明。

- 在室外可制造与白天完全不同的氛围。
- 有助于夜间的防范和安全。

澳门的景观照明

实例▶限制了光害的美丽的景观照明。

近义词▶都市景观照明、点亮景观

建筑化照明

将照明器具内置于建筑或室内装饰中、配合建筑设计的照明。

墙槽照明的建筑化照明

建筑化照明可以说是使照明器具的存在感消失、重视光的存在感的照明。建筑化照明有"百叶窗式天窗""发光顶棚""平衡照明""飞檐照明""墙槽照明"等手法。

实例▶建筑化照明的流畅设计。

近义词▶间接照明

百叶窗顶棚

百叶窗示意

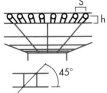

用百叶窗将顶棚整体覆盖并在其中设置照明器具，通过扩散或透射光线，使顶棚看起来宛如一个大光源。
- 光的扩散性稍弱、墙壁变暗。
- 由于 $S \leqslant 1.5H$ 可获得大约同等亮度，灯长轴方向的灯管亮度会显现出来。

实例▶通过百叶窗顶棚消除光源的存在感。

发光顶棚

发光顶棚示意

用乳白色塑料镶板或玻璃覆盖顶棚整体并在其中设置照明器具。通过扩散透射光线，使顶棚看起来宛如一个大光源。
- 阴天时窗外的气息、影子少的柔和光线也易感受到阴天的气息。

实例▶通过顶棚可制造出自然光效果。

平衡照明

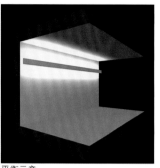

平衡示意

是在墙壁上安装遮光板，在其内侧安装光源，利用上下发出的光照亮空间的手法。
- 间接照射顶棚、墙壁、窗帘等；
- 根据照明器具的设置高度，其上方或下方需大于45°的遮光角；
- 用于卧室或通道。

遮光角：安有灯的照明器具最下方相接水平线和可开始看到照明器具内的灯的发光部分的视线方向的夹角。

截光角：通过安有灯的照明器具一点的垂直线和可开始看到照明器具内的灯的发光部分的视线方向的夹角。

实例 通过平衡照明可赋予空间张力

墙槽照明

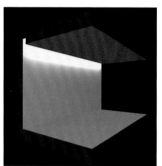

墙槽照明示意

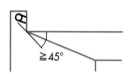

是设置于顶棚与墙壁相接处附近、在其内侧隐藏光源，使光向下照射墙面的手法。
- 墙壁变亮，可感觉空间的拓宽。
- 多用于照射窗帘或百叶窗。
- 需要45°以上的遮光角。

实例 通过墙槽照明可获得开放感（敞亮的感觉）

灯槽照明

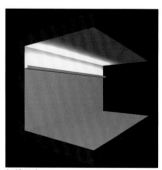

灯槽示意

将光源隐藏于顶棚的角落或墙壁、视线内没有直接光源、使光朝向顶棚、用反射光进行照射的手法。
- 可创造一个没有影子的柔和光环境，具有使顶棚看起来更高的特征。

实例 通过灯槽照明可产生华丽感

栏杆照明

是将照明器具安装在桥梁的栏杆或道路的侧壁等低处位置、照亮路面的照明。

栏杆上部设置的荧光灯栏杆照明

在道路等地由于照明会干扰司机视线，所以使用格栅十分必要。不立灯杆，观景清晰。连续照明可获得高均匀度。

实例▶通过在近处景观设置限制高度的栏杆照明，可使景观看起来更清楚。

近义词▶栏杆照明、扶手照明

高反差照明

是强调光的明暗和颜色对比的照明。

赋有韵律感的对比照明

整个空间处于黑暗中、制造出与极其明亮形成强烈反差的强阴影状态。
所谓高反差照明，是指明亮部分与阴暗部分的亮度差别。差值越大反差就越强烈。

实例▶使用聚光照明，通过照明的反差来制造空间的延伸感。

近义词▶剪影照明

昼夜照明

为了调整人的昼夜节奏而实施的照明。

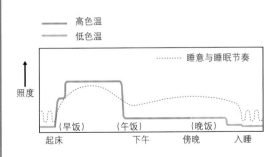

医院昼夜照明系统的调节案例

所谓昼夜节奏（circadian rhythm）是指"昼夜节律"即"生物本身所具备的大约以一天为单位的生命现象节奏"。在照明方面，有类似于改变照明亮度或色温、调整生物钟的提案。

实例▶配合生物体节奏进行照明调整

● （光）的接续

排列光的场景，在连续的空间时间中制造照明的故事性。

在延续的空间中，通过赋予各个片断空间照明场面而增加魅力，并且通过接续（使其连续）可制造出丰富的空间演出照明效果。

在时间的变化中，改变点亮或数字照明的手法正在增加。这被称作"时间与光的接续"。作为其代表，有使用LED的可形成灵活的华丽的接续。由于接续包含在分区规划之内，特指演出空间的连续、移动。一般比起分区规划，连续被应用于比较开阔的空间里。

实例 ▷ 每一个画像的场面都很明确，因此可表现出自然的接续。

多幅图像随时间变化排列产生接续

近义词 ▷ （光的）场面接续

● 系统照明

系统顶棚用的照明。

系统照明主要被用于办公室。通过调光利用昼光或设定时间，从而达到节能的效果。

系统顶棚的定义为："考虑到建筑模数在顶棚上合理设置各种设备（埋入型照明器具、空调排风孔、火灾报警器、扬声器等）的系统。"

实例 ▷ 在办公室中设置系统照明，从而达到节能的目的。

荧光灯器具系统照明

● （光的）重心

是在空间中集中光线的明亮部分。特别指高度方面。

利用落地灯或聚光灯照亮地板附近（降低重心）可制造出轻松的氛围。一方面，通过提亮（增高重心）顶棚制造出作业性的高空间，可赋予空间活力。

充满活力效果的高重心与
充满静谧效果的低重心

实例 ▷ 重心一旦涣散，空间的重点位置会变得不明确。

射灯

主要用于室内照明的照射范围和进行调整。

聚光灯的照射方向的调整作业

调整聚光灯或调整下照灯的照射方向、完善光环境。

瞄准：是指照射范围的决定和调整、主要是室外照明用语。
微调：是指配合现实的照明设备的特性的细小设备的运用和调整、主要是舞台照明用语。
调焦：为了达到目标效果而进行的照明器具的安装高度或照射方向、光的扩展等最终调整。

实例 ▶ 进行最终调整的投光、进行角度调整。

近义词 ▶ 瞄准、微调、调焦

剪影照明

是照亮对象物背部，使对象物看起来像其剪影而实施的演出照明。

将背面照亮，并使三张镶板置于前面。

照亮对象物是照明的目的，通过黑暗可更加强调其明亮。并且，强调物体美丽的轮廓、质地、色彩、立体感会成为干扰。为使干扰消失，只象征性的凸显轮廓的手法有：不照亮目标物体的"剪影照明"。
● 将背景全面照亮、不给予剪影物光线；
● 剪影部分越暗对比效果越强烈；
● 适用于反射性差的室外（建筑外观）。

实例 ▶ 照亮背面　通过剪影使其美丽的轮廓浮现。

近义词 ▶ 相对照明　背光照明

强调空中轮廓线（sky line）

用照明凸显建筑的轮廓（特别是上部）。

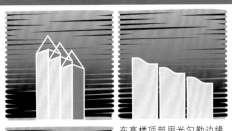

在高楼顶部用光勾勒边缘或予以照亮等强调空中轮廓线

就像天空中用光描绘出线一样，指的是可看见的并排高层建筑群的楼顶照明，或从大楼窗户看到的泄露的光线。
"空中轮廓线"是指"山或高层建筑等以天空为背景的轮廓"或指"地平线"。

实例 ▶ 用照明照射大楼楼顶，强调空中轮廓线。

近义词 ▶ 景观照明　都市景观照明

扇形光斑

指可在灯具附近的顶棚或墙壁上形成的光斑图案。

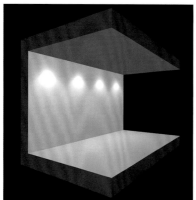

用下照灯制造的扇形光斑示意。

扇形光斑本来不是照明设计中所要追求的目标，有时，通过灯具控光等方式，适当削减此类光斑。

实例▶在墙壁附近设置下照灯，产生扇形光斑。

（光的）分区规划

通过光的明暗、照明手法的不同而区分空间，来决定区域的功能性质。

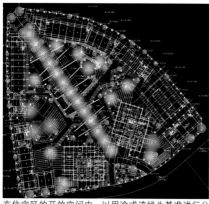

在住宅区的开放空间中，以用途或流线为基准进行分区规划。

不必要对物理上的空间进行间隔，不同区域的照明进行区分。从而可使其各具意义。依据功能需要设置照明要更优于使用通用照明。并且也适用于小型空间。

实例▶通过实施明确的区域规划，可提高各个卖场对客人的吸引力。

近义词▶连续

作业灯

以视觉作业为目的的局部照明。

照亮桌面的作业灯

为了可自由照射各个地方，可移动灯臂或灯身的作业灯有很多。以给予作业为目的的照明称为"作业照明"。其定义为"以进行视觉作业为目的的局部照明"。"作业灯"的反义词为"环境灯"。
"作业环境照明"：将作业用的照明（作业灯）与营造环境气氛的照明（环境灯）组合起来，主要用于作业空间的照明。

实例▶通过作业灯确保手边的明亮。

近义词▶台灯（desk light）

设计灯具

重视构思以及装饰性而制造的照明器具。

枝形吊灯的设计案例

照明器具的造型本身是空间设计的组成部分。制造特殊空间并想主张身份时，多制作独创器具（特别的照明器具）。

实例▶制作适合该场所的独创器具。

近义词▶特殊照明器具

内照式

在使用扩散透射性材料制成的箱子中设置光源、通过透射光照亮的方式。

使用荧光灯的内照式广告牌

是多用于便利店和各种店铺的招牌、自动贩卖机等的照明方式。从扩散透射性材料（丙烯树脂等）的背面发光，使扩散光更显眼。以LED 为光源的内照式招牌也在增加。

实例▶内照式华丽招牌可吸引人的眼球

近义词▶灯笼

光壁

用合成材料板材或玻璃等具有扩散透射性材料覆盖墙面，在其内侧设置光源，使墙面发光。

荧光灯营造的光壁

若使用 LED 系统装置，则可进行色彩变幻。

实例▶美丽的光壁可赋予空间华丽和深邃

近义词▶顶棚 发光地板

光斑图案

在空间中光斑汇聚而呈现。

迎接来访者或引路的光斑图案

通过成组光斑形成的图案称为"光的分布"。光斑在空间周期出现，其连续排列呈现了"光的韵律"。使用光角狭小的聚光灯或down light可制造出空间的重点和华丽。

实例▶在通道上用光斑制造重点
光斑过于强烈，不便老年人行走。

发光地面

用复合材料板或玻璃等具有扩散透射性质的板材覆盖地面，在其下侧设置光源、照亮地面。

将荧光灯配置于镶板内部形成发光地面。

一般使用荧光灯作为光源。在扩散透射性材料的正下方，可等间距设置数盏荧光灯，也可只在透光板边缘设置光源，向中央部分形成亮度褪晕。
最近正开始普及使用LED。

实例▶均匀的发光地面表现空间的不同部分。

人体尺度

在人身高高度附近位置设置的照明。

在公共庭院中设置的人体尺度LED照明。

所谓人体尺度（human scale）是指以人的身体或行动范围的尺度为基准，来考量包围空间或建筑等的设计的物体。
在照明中，主要用于景观照明，指的是触手可及的范围内的路灯或庭院灯、小型聚光灯等。
由于并不一定需要大量光线，所以使用LED的照明器具已经大量出现在市面上。

实例▶在这个广场上不适用街道路灯，而是采用人体尺度的照明设计。

追光装置照明

为了突出某个对象而进行的轮廓分明的窄光束照明。

追光灯照明天鹅椅

在展示物、剧场中针对场景的主要演员使用。当用于一般建筑的照明时，不能因光斑边缘清晰而与通常意义中的窄光束照明相混淆。

实例▶ 对独立的展示物设置追光，制造视觉流线和其他场景。

聚焦

通过照明使对象引人注目。用光来表达想要强调的部位或对象。

完成聚焦的照明器具

利用聚光灯或照明器具，制造与环境的对比，通过高亮度来强调照明对象的设计。
近义词为 focal point

实例▶ 在雕刻中制造焦点、复苏历史

近义词▶ focal point eye catch

平面（flat）光

是无明暗斑点的均一光照状态。

LED 平面光（左图）和荧光灯下照灯平面光（下图）

一般多指荧光灯的光质，并且，即使使用其他光源也指均质照射照明对象的效果（高均质照明）。多用于办公室照明或运动设施照明。平面组合的 LED 不用镜片，一般可获得均匀的光线。

实例▶ 在雕刻中制造焦点、复苏历史。

近义词▶（反义词）指向性光 聚光灯光线

一般照明

给予整个空间的均匀照明的照明或照明器具。

下照灯的一般照明（上图）和陶瓷金卤灯的一般照明（右图）。

就照明器具而言，一般多指低顶棚上的荧光灯器具。高顶棚上的 HID 器具（悬挂式下照灯或投光灯）。即使是低顶棚，由于店铺中陶瓷金卤灯的普及，以其作为光源的下照灯正在普及。

作为市内公共道路或洗手间、住宅处的专有部分等的一般照明，LED 正在渐渐被广泛使用。

实例 通过设计无阴影的一般照明，可制造舒适的办公空间。

近义词 重点照明　环境灯

矮柱照明

在高约 1 米左右的低处设置的照明。

营造美丽夜景与安心感的矮柱照明

所谓矮柱是指"（栈桥等）的连船柱"或者"（为了防止汽车入内的）安全地带的木桩"。作为都市景观用语，"矮柱"是作为"停止"的意思使用的，"矮柱照明"是指从其设置的高度开始转换到被称为"庭院灯"或"花园灯"的低位置照明。

实例 沿着流线排列等间距的矮柱，有节奏地引导视线。

近义词 人体尺度

漏光

由照明器具照射出光线的同时，也可照射到照明目标对象之外的物体。

灯光未经控制　　　　　灯光被适当控制

通过适当调整灯具可防止漏光、制造无光害的景观。

在街道或公园等地，为了防止漏光产生的光害，使用限制照射到水平方向及其以上部分的光线的照明器具。

实例 利用漏光的亮度来凸显明亮感

近义词 漏光

多用型下照灯

可自由改变照射方向的下照灯。

除了设置于墙壁边缘作为洗墙使用，还能兼顾顶棚设计的整齐，在特定的照射对象正上方安装下照灯等，作为嵌入式聚光灯来使用。但是，其与聚光灯不同，由于嵌入顶棚中，其照射范围（角度）有所限制。另外，将照射角度扩展至极限的情况时，由于下照灯本身的圆锥形部分照明不佳，有时无法获得预期的照明效果。

最近，2个多用型下照灯排列成的多联结多用型下照灯也正在广泛普及使用。

单灯式（上图）与三灯式（右图）的多用型下照灯

实例▶当需要均等配灯对日常使用的家具以及用品进行适当照明时，可使用多用型下照灯。

近义词▶下照式聚光灯

景观照明

以照射历史建筑、塔、办公楼、商业设施的外墙和树木等为目的而设置的投光照明。

到此为止，一般多指通过对建筑外墙进行投光照明，而使其呈现在夜幕中。但是，最近在建筑立面的构成中，增加使用了玻璃等透明半透明材料的使用。即使不一定增设灯具，也可形成夜景。

LED灯具可以强调点、线、面状的景观或建筑。

复苏历史与自然之美的景观照明

实例▶由于每个季节可实施不同的景观照明，可衬托自然丰富的景象。

近义词▶灯饰　景观照明

魔幻灯

通过点亮光源的亮度，可通过在其前设置的扩散性透射材料看见光源的影像。

多指市面上出售的住宅用吊灯或光壁等内照式照明，比如在前者中，与薄型照明器具相对应的细管径高亮度环形荧光灯，指的是利用透射性材料不充分扩散，灯的形状较分明地呈现出来。

在透射材料中利用魔幻灯的设计案例

实例▶扩大灯具腔体深度，拉开光源与透光面板的距离，灯的影像消失。

LED（发光二极管）

通电之后，放射出光放射的带有 P—N 结合的固体装置，LED 单体。

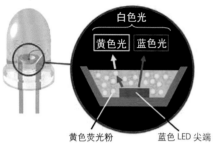

蓝色 LED＋黄色荧光粉

白色光

黄色光　蓝色光

黄色荧光粉　　　蓝色 LED 尖端
现在主流的白色 LED 发光原理

- 所谓 LED 是 light emitting diode 的简称；
- 通常的使用寿命为 10 年；
- 由于体型小所以可以收纳入狭窄场所；
- 不含红外线、紫外线；
- 低温下发光效率低；
- 由于亮度高可针对性地用于设计中；
- 低电压、低功率下运行；
- 可灵活调光　开关；
- 含有红、蓝、绿灯原色光源，可用于彩色光照明中。

在彩色光照明中使用的 LED
（从喷泉的喷水口处照亮）

用于 24 小时亮灯的隧道中
（避难口引导灯为 LED 光源）

即使在缝隙中也可安装
（隐藏于台阶的阶差中）

由于光没有热度所以也可用于冰箱中
（架子里的 LED 光壁）

维护困难的场所
（顶棚上无数的点光源）

室外使用时的防水处理也变得容易
（地面上闪着蓝光）

大功率，高显色性的下照灯
（照亮时装模特）

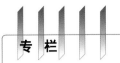

专栏

有机 EL 发光装置

所谓有机 EL 发光装置是指将有机发光材料的薄膜应用于发光二极管的一种。有机 EL 发光装置以其所具有的以下特征到不污染环境的新光源，正在被逐步研究和开发。

(1) 用直流低电压得到高亮度
(2) 由有机材料构成、不含汞
(3) 由于是面状发光，所以光利用率很高
(4) 在理论上，比荧光灯的发光效率高
(5) 比荧光灯使用寿命长

现在，在普通家庭中，正在普及使用带有高演色性荧光灯照明。但是，用于照明的能源，占据全体消耗能源的百分之十六之高，光源和照明器具的高效化有利于节能效果的实现。从长远来看，从设计优质的家庭照明器具开始到办公室照明、汽车航空飞机的室内照明，有机 EL 发光装置的利用值得期待。

所谓"电致发光"（electroluminescence）是指在电致荧光体发光的现象。

松下电工股份公司　赤羽元英

视觉·知觉·感觉

我们人类，把进入视线的光作为媒介，得到外界众多信息。21 世纪初，除了椎体和杆体视细胞，我们还发现了另一种感知光线的细胞。这个细胞被称作内因光感受性视网膜神经节细胞，并且证实其与昼夜节律相关联。

视觉细胞作为感受器件，传达明暗、颜色、物体的形状、位置、动态等空间信息，换言之，形成印象的视觉。一方面，非视觉细胞，可在约 24 小时的周期内传达昼夜变幻的时间信息，也可以说是非印象形成的视觉。我们通过视觉，来捕捉外界的时间空间信息。

我们一边感知外界的信息一边生存。视觉对人们的生存和活动非常重要。光环境状况对于人们健康、安全舒适快乐的生活以及工作都非常重要。光环境的设计不仅是设计空间，也包含设计出更好的生存时间。

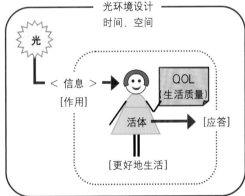

九州大学大学院　古贺靖子

2.容易混淆的照明用语

照明是根据空间、场所、作业、行为等状况实现所要求的光环境手段。优质的光环境所追求的性能包括：视觉清晰、安全性、视觉作业性、健康性、舒适性、审美性、节约资源、节能性以及经济性。为了实现其性能，对应目标应采用相应的照明方式。照明方式根据场所、光源、光的状态等有以下区别。

> 1）室内照明、室外照明
> 2）昼光照明、人工照明
> 3）独立型照明、建筑化照明
> 4）一般照明（基础照明）、重点照明
> 5）整体照明、局部照明、局部性整体照明
> 6）环境照明、作业照明、作业环境照明
> 7）直接照明、间接照明、半直接照明、半间接照明、整体扩散照明、直接间接照明
> 8）指向性照明、扩散照明
> 9）功能照明、装饰照明
> 10）常用照明、特殊照明

根据照明方式、照明器具以及根据其所产生的与光相关的照明用语，对容易混淆的部分整理如图一所示。

给予空间基调同样的明亮度、均一照亮室内整体的照明方式称为"一般照明（基础照明）""整体照明"。作为专业术语不存在"全体照明"，正确的叫法为"整体照明"。"一般照明（基础照明）""整体照明"的近义词为"环境照明"。"环境照明"是照亮视觉作业周边空间的照明方式、多指间接照明。另外，"一般照明（基础照明）"多指直接照明。

"一般照明（基础照明）"的反义词为"重点照明"，"整体照明"的反义词为"局部照明"，"环境照明"的反义词为"作业照明"。"重点照明"是对设置了基础照明的空间进行提升，并对该空间的气氛形成聚拢的照明方式。"局部照明"是只对必要场所和范围进行照明的方式。作为照明专业术语，不存在"局处照明"而正确的是"局部照明"。"作业照明"特指以进行视觉作业为目的而实施的局部照明、确保视觉作业面的必要照度的同时，也指致力于使反射光不进入电脑屏幕等的照明。

在整体照明上，与桌子等家具的配置无关，是对作业面整体配置照度均一的照明器具。因此，在整体照明上就存在耗能以及不经济的劣势。另外，局部照明容易扩大视野范围内的亮度对比，容易产生阴影。为满足视觉作业的"局部一般照明"被寄予厚望。"局部一般照明"是在进行视觉作业等场所、将特定的位置或领域的照明比起周围更亮的一般照明。同样，为满足视觉需要以及节能的照明方式"作业环境照明"是作业照明和环境照明的并用方式，例如为了确保视觉作业必要的照度，而在桌子上实施作业照明、实施给予周围空间三分之一或二分之一的低照度环境照明。

对应于一般照明（基础照明）的称为"一般光"，对应于重点照明的光称为"重点光"。另外，对应于环境照明的光称为"环境光"，对应于作业照明的光称为"作业光"。一般来说，将台灯

一般照明 给予空间整体基本亮度和气氛的照明	反义词	重点照明 聚拢空间整体气氛的照明

基本照明；基础照明 对空间整体实施的基本亮度或氛围的照明（直接照明）	反义词	重点照明 以强调某个特定对象物为目的或使视野内一部分引起注意的指向性照明

整体照明 不仅满足特别的局部要求而且是均匀照亮空间整体的照明	反义词	局部照明 并非照亮空间整体，而是在小面积场所内实施的照明

局部一般照明 使得特定位置或领域比周围的亮度更强而实施的照明

环境照明 作业周边空间的一般照明	反义词	作业灯光 以进行视觉作业为目的的手边的照明

环境照明；环境照明 以照亮作业周边为目的的照明（间接照明）	反义词	作业照明；作业照明 以视觉作业为目的的照明

作业环境照明 将作业照明和较低照度的环境照明共同使用的照明

扩散照明 无论在哪个方向都均等照射作业面或对象物的照明	反义词	指向性照明 主要从某个特定方向照射作业面或对象物的照明

功能照明 满足作业功能的照明	反义词	装饰照明 特别想突出对象部分、凸显创意效果而施加的照明

建筑化照明 为了与建筑设计协调而在建筑或内部装饰中设置的照明	反义词	独立照明 使用顶棚照明器具、吊式照明器具、壁灯、落地灯等独立照明器具

上照灯具 向上去光的灯具或者从下向上进行照射的照明器具	反义词	下照灯具 通常埋入顶棚的小型照明器具。特指窄配光的照明

图1　容易混淆的照明方式、照明器具等照明用语

等照明器具作为作业灯的情况也存在,但是从照明专业术语来说,将桌上等放置的可移动照明器具定义为"台灯",放置于地板上的用高柱支撑的可移动照明器具定义为落地灯。

就像太阳光是主要从上方倾泻到下方一样,通常,提到照明,一般是从上向下进行投光。因此,就没有向下照明的定义。另外,down light 并非指光线,而是指主要埋入顶棚的小型照明器具。与此相对应,由向上的照明产生的灯光以及由下向上提供照明的照明器具称为 upper light。但是,用英语正确的说法是"uplight uplighter"仅仅指照明器具。从下向上的照明方式称为 uplighting,英语中不存在那样的说法。

一般来说,直接照明指的是直接照射对象物的照明,间接照明是指将光照到顶棚或墙壁等室内表面并将其反射,从而利用的光线。在照明的专业术语中,如图二所示,由照明器具的配光来定义"直接照明""半直接照明""间接照明""半间接照明""整体扩散照明""直接间接照明"。"整体扩散照明""直接间接照明"的不同是向横向方向的扩散光的比例,北美照明学会(IESNA)进行了两个概念的区分,但是国际照明委员会(CIE)并未对其进区别,两者都称为"整体扩散照明"。

直接照明 direct lighting	半直接照明 semi-direct lighting	整体扩散照明 general diffused lighting
向上光束 0% ~ 10%	向上光 10% ~ 40%	向上光 40% ~ 60%
向下光束 100% ~ 90%	向下光 90% ~ 60%	向下光 60% ~ 40%
光的 90% ~ 100% 直接到达作业面的配光照明器具产生的照明。	光的 60% ~ 90% 直接到达作业面的配光照明器具产生的照明。	光的 40% ~ 60% 直接到达作业面的配光照明器具产生的照明。
向上光 0% ~ 10% 向下光 100% ~ 90%	向上光 10% ~ 40% 向下光 90% ~ 60%	向上光 40% ~ 60% 向下光 60% ~ 40%

直接间接照明 direct-indirect lighting	半直接照明 semi-direct lighting	间接照明 indirect lighting
向上光 40% ~ 60%	向上光 60% ~ 90%	向上光 90% ~ 100%
向下光 60% ~ 40%	向下光 40% ~ 10%	向下光 10% ~ 0%
光的 40% ~ 60% 直接到达作业面,横向扩散光较少的配光照明器具。	光的 10% ~ 40% 直接到达作业面的配光照明器具产生的照明。	光的 0% ~ 10% 直接到达作业面的配光照明器具产生的照明。
向上光 40% ~ 60% 向下光 60% ~ 40%	向上光 60% ~ 90% 向下光 40% ~ 10%	向上光 90% ~ 100% 向下光 10% ~ 0%

图2 照明器具的配光照明方式分类

3.照明设计师与照明设计用语

语言孕育文化

在电视节目中,美食栏目和旅行特集总是拥有稳定的收视率。被称为美食家和旅行达人的人们,在饭店或露天温泉中,用自己的体验,并使用类似于"哇,超好吃"、"嗯,拥抱着像画中的森林溪谷一样,泡着柔和的温泉,真是世外桃源"这样绝妙的语言,向观众传达着这样的信息,观众们不出家门就能感受着美味的料理和温泉,并高度评价这些节目,因此这些节目非常有人气。

巧妙使用语言,并且使用有个性的比喻或隐喻将强烈的印象植于观众心中,这样的才能不仅可提升报告者的人气,并且可获得观众认可,虽然难以置信,但的确可以支配人的味觉与触觉。

语言与表达不仅作为交流的工具拥有重要的作用、并且同时支配着思考与理论的组成、也在感觉以及感情领域起着支配作用。

如果没有语言就无法思考事情,也理所当然的无法进行记忆。语言的方便以及通过便利的语言可以支配人、最终这些语言与事实相互重叠,从而创造出巨大的文化。

现在常用的照明用语

照明设计领域也与美食节目相似,各位照明设计师都日夜琢磨,如何将自己的照明设计传达给老主顾、建筑师或最终使用者。在演示的场合,他们都是用精心琢磨的语言,将自己的设计构思表达出来,并获得合作者的同意,然后开始设计。

现在活跃于一线的各位照明设计师,在演示和协商的时候是用什么样的语言,我对此非常感兴趣。在此对各位照明设计师进行了问卷调查,并且对以传达照明设计为目的的、精心琢磨的语言所表达的想法进行了提问,现整理介绍如下。

伊藤达男

说:"从我个人来讲不太愿意使用地方性语言,因为会有宅男的感觉,了解到这一点的合作者使用了下面的语言进行有效沟通。在演示的时候尽量使用具体的容易理解的语言。一方面,为了使照明文化进步,更多的是广泛制造出一般性的以传达光表情和照明空间的精美信息为目的的丰富语言环境是十分必要的。"

- 弹回(rebound)▶空间内的二次反射光效果
- 退晕▶光斑向外的亮度分布状态
- 边缘▶光斑的明暗界限。边缘指的是清晰或模糊的程度。
- 眩光▶照射面明亮刺眼的状态,与明暗对比不同。
- 明亮感▶不仅局限于照度,还指实际上感觉的明亮的印象。
- 质感丰富的光▶光对空间的表达,不涉及色彩和亮度。
- 明锐的光▶比如HID等具有指向性的有强光感的光。荧光灯与此相反。

岩井达弥

说："语言作为直截了当的传达手段可以便利的传达某种语调，同样的一个词汇人们的理解不同，所以想要正确传达，需要对短句进行较长说明。照明设计师常常擅长利用这一点。照明设计师使用某个词汇后，对方经常会问该词汇的含义是什么。此时照明设计师常常煞有介事的回答这个是指什么什么。这是照明设计师的自我表达，是很重要的销售谈话。那样的专业词汇转化成一般词汇的情况也存在。基本上来说语言是进化的，因此一线照明设计师不断创造出领导业界的词汇是一件好事。我希望一般的人对那样的专业词汇感兴趣，引起他们的好奇心，从而学习并体验，并且不断孕育照明文化。"

● 光的调配▶照明设计并非布置灯具，而是调配光线。

● 柔光、硬光▶具有扩散特性且不易形成阴影的光称为 "柔光"，集中且能形成浓影的光称为 "硬光"。表达了光的质地。

● 能见光、使用光▶照亮一个对象使其呈现明亮感的光称之为 "能见光"，提供给作业面保证作业进行所需照度的光称之为 "使用光"。经常在编制照明设计方案时予以使用。

● 安静光、动感光▶ "安静光"的特点是照亮较低位置、低色温、低照度。而 "动感光"的特点是照亮较高位置、高色温、高照度。与人对光的心理反应相对应。

内原智史

说："设计用语，本来就是为了把设计准确无误的传达给别人而使用的语句，因此我认为不一定必须以学术用语为基准。用语言进行交流和传达视觉印象的工作与创造一个世界的工作有点相像，究竟如何用语言完成传达并不局限于语境自有的范畴。

用语这个概念本来就难以理解，根据类别不同使用的目的也不同，这也是没有办法的事情。日语与其他语言相比，并不擅长准确表达，交流的内容并不仅是语言本身，而是说话者感觉的世界，可以说是创造世界的无尽的领域。"

小野田行雄

说："有关照明用语，即使是同样的表达语句，由于教育背景的不同照明从业者（照明器具制造商、照明设计师事务所、其他）的文化和思维方式的不同，会带来很多理解上的差异。虽然不会超越共同的定义，在说法以及语句的意义关系上，局限于不同的部分，综合整理出一个定义是很困难的。除了已经被定义的专业术语，还有其他内容需要交流，光的表达和说法以及表示方法等，作为交流工具的语言，决不仅是专业术语，而是无论是谁都可以容易理解的根据传达的对方和内容可选择的。比起思维方式和想法正确的传达给对方的话，在此意义上来捕捉每个设计师的个性是非常好的。"

● 流动光▶像自然界的光一样随时间和季节变化的光。

● 针光▶调节镜片的光的边缘光。

角馆正英

- **窗光▶** 从家里窗户泄露进来的光。在街上可作为表达人的存在的光，可防止犯罪。
- **重点照明▶** 将空间的凹凸部分照亮、使整体平衡的光。
- **城市银屏 seubau▶** 利用都市墙面制造的艺术光墙。现在多利用 LED 等电子技术手法。

木下史青

说："在光的设计上，与工程相关的委托人、设计师和使用者都要拥有对照明结果的共同认识，这是很重要的。因此

- 有时多使用专业术语会更容易的表达；
- 有时引用大家都经历过的光的实例，同时选择有效的语言；
- 有时使用抽象的语言描述光的印象，是达到共通理解的一条近路。"

比如，下面的一些话：

- **佛堂中的光▶** 由于是佛像的照明，为了再现该佛像在寺院中最原始的光的样态，需要表达该氛围的语言。把自然光引导至屋内，表示出获得的复杂的光的样态。另外人工制造该状态的情况也存在。
- **横向光▶** 屏风与挂轴的照明，不是从上方照射的聚光灯照明，表示的是在房间或茶室的空间用拉门或隔扇照进的横向的光。主要使用于日式建筑中。
- **轻光▶** 为了使人不感觉出佛像等雕刻的厚重感而投向底座的光。
- **背景光▶** 照射在遮幕或背景上以使得佛像等的剪影产生漂浮感的光。
- **天空的光▶** 对顶棚照明的有色光变成自然光一样、制造空间的动态。
- **漆黑的光▶** 用黑色的光映射入雕像，用适当的聚光灯和过滤器赋予其立体感。

东海林弘靖

- **欢迎光垫▶** 用光在建筑门口处铺的地席。光垫处的照度有时可达 500lx。光垫是照明设计师喜爱的现象用语。走在这光地席上，指向性强的光会把人照得光彩熠熠。
- **蓝色瞬间▶** 日落之后东方天空泛出浅蓝色的光。这是地平线另一端下沉的阳光照亮地球大气、其反射光强烈照射的现象。
- **super indairekuto▶** 空间中看不到照明器具，却可获得充分照明。超级的间接照明手法，由于看不到灯具直射出的光线，所以不会感到令人不快的刺眼。显得空间品质高尚。

武石正宣

说："在摸索照明设计用语时，我也考虑了其他的各种空间设计相关的语言。实际上，我意识到表达空间设计的语言在其他领域未被使用。在设计中一般通用的语言都是普通的语言，将每个词在设计中个别解释并进行交流，可以更容易理解，因此被使用。对方不知道的词汇，就产生了最后不得不解释的现象。舞台现场通常只使用通用的特殊语言和表达，这是一般顾

客中不通用的语言。重要的是这些照明用语是在与谁交流时使用的。在某种意义上是为了增加对方的想象力而使用的普通的语言。"

富田泰行

说："以交流为目的的语言除了要求传达正确的信息之外，传达想法与思想也十分重要。从我个人的使用方法来说，掌握语言应该首先是先行的感觉，解读性的语言会被广泛采用。"

- **点线面**▶在表达空间光的范围时经常使用的表达，表示光的分布和差异。
- **光的构图与质感**▶表示主体在亮的一侧还是在阴影的一侧，此外还含有均衡的意义。
- **聚集光／聚集阴影**▶表示空间中具体光或阴影的重点程度。
- **光的重心**▶空间或与视线相对应的光的位置。
- **漂浮**▶不那么鲜明却具有诗意般舒畅的光线状态。
- **底光**▶有节制地用光，仅呈现一种基本的亮度。在舞台和电视业界中，底光表达一种明亮程度，与底部照明的含义不同。

中岛龙兴／福多佳子

中岛龙兴说："为了使专业术语容易理解，应使用与一般概念相关联的用语。"

- **压低亮度**▶以周边环境为基础，控制过亮部位的照明。
- **光的更替**▶指根据不同季节光的颜色的改变。
- **欢迎光垫**▶：以欢迎人为目的的照明。将入口的地板照亮。
- **暗处发光**▶照亮了周边，照明器具自身并不显现。
- **光疗法**▶光疗法。重新调整紊乱的生物钟，用明亮的光线为心情抑郁的人振奋精神。
- **坏人阴影**▶使人不快的刺眼的炫目灯光。
- **好人阴影**▶像圣诞灯一样给人带来快乐舒适的闪耀灯光。
- **代谢照明**▶一天当中一直明亮的照明。虽然亮度高看起来可以使人心情明朗，但是想放松等生活场面无法使用，对精神代谢有不良影响。

松下□进

说："每个照明设计师都可以自由使用语言，但是按照明协会整理的用语来说，明确了universal down light 和可调式 down light 的区别，随着灯的种类的增加，应该从整理灯的一般名称这种最基本的地方开始。"

- **明亮度**▶空间的明亮印象。
- **暖色光**▶色温低的光。
- **敏锐光**▶指向性强的光。
- **柔软光**▶扩散性强的光。
- **柔和空间**▶无阴影的扩散反射成分多的空间。

松 下 美 纪

说："由于首先要准确的向委托人传达照明的理念和设计的意图，所以尽量用容易理解的词是十分重要的。"

● 光环境 ▶ 考虑到人与自然一切的生物所期待的光与黑暗的存在方式。

● 吸引眼球 ▶ 为了引起注意通过照明来强调的地方或地点。

● 指向灯 ▶ 给予引导、界限、引起注意的视觉信息的照明。

● 规划区域 ▶ 利用照明的概念或手法根据空间所具有的特征或功能对其进行区分。

● 最小限度光 ▶ 不浪费光线，用最小限度的光获得最大的照明效果。

● 照明引导线 ▶ 空间光环境的未来目标及其实现的途径。

面 出 □ 薰

● 欢迎光垫 ▶ 1980 年当我首次担任照明设计的工作（新宿的 NS 大厦）时，这个词是美国照明协会的一位教授告诉我的一条用语。指的是将照度设计成周围的亮度的三倍，铺在地板上用来吸引人的视觉的光地席。由于 NS 大厦周围的光线比较暗，所以用的是 150lx 的欢迎光垫。那之后，很多人开始使用这个词汇，并且地席的照度也被随意的增加了。

● 蓝色瞬间 ▶ 这个词是我在 1985 年出访赫尔辛基的时候，芬兰的设计师 Simohekira 教授告诉我的词汇。是指夕阳西下，从东方天空照射出的蓝色光。芬兰的人们似乎用这个词描述这种现象。在北欧，根据季节的不同，这种蓝色瞬间可以持续几个小时，与周围屋子里泄露出的白炽灯的温暖光线形成美丽的对比。照明设计的原点潜存在昼夜交替的薄暮时分，太阳光为各种照明技法提供了灵感。

森 □ 秀 人

在解释照明设计的时候，要以设计图纸为基础进行说明。要使用配合图纸的表达的语言进行说明。我认为那就是设计师各自的照明用语。并非是惯用语，而是随着表达材料不断变化的词汇。

● 提高视觉照度、制造明亮感、照亮 ▶ 墙面和顶棚。

● 欢迎灯 ▶ 铺在入口的发光地毯。

● 描述光的故事 ▶ 从光的概念开始到现场的照明协会业务的总称。

● 张弛有度 ▶ 为光配上阴影。

● 均等照明 ▶ 单纯的明亮的照明。

● 利用阴影的空间 ▶ 灯具消隐仅用射出的光线构建的空间。

语言专家金田一秀穗针对语言进行了以下说明。

首先，来玩一个简单的猜谜游戏。放入沙拉的像绿色蔬菜那样的水果，是鳄梨还是油梨？正确答案是鳄梨（AVOCAD）。但是能正确说出这个词的人很少。实际上去商店对服务员说"请给我油梨"，虽然是错误的说法，但服务员一定能知道你要的是鳄梨。也就是说，所谓语言，就是以流畅交流为目的的道具。

肯定会有人否定我这种说法。那么，如果要问在哪才说正确的日语，我想恐怕是 NHK 的播音员才说正确的日语吧。的确他们说的是正确的日语。但是在回到家里时，我想没有人会说"此刻我归宅了"。而一般都会说"我回来了"、"哎，肚子饿了"之类的话吧。

也就是说，我们实际上，会根据场合、对方和自己的立场而使用不同的日语。会考虑对方是谁，是什么样的场合等，以及自己处于什么样的立场。这个 XYZ 三元方程的答案也就是，那是最适当的日语。

并且金田一秀穗

还说道"为了珍惜语言，将灵魂放入语言是很有必要的。我认为那就是亲切与人交往接触的秘诀。"

这次问卷调查，各位设计师所讲的，就是有着灵魂的话语。设计领域是自由的领域，自由的领域是宽阔的。这样富有个性的并且注入灵魂的照明设计用语诞生的时代，虽然乍一看有些混乱，但是相反，可以孕育丰富的文化。

没有专家与外行的区别、也不用执意追求照明的专业术语，倾听一下有趣的词汇，自己也自由地使用，尝试着去构筑出一个自己独特的照明世界吧。

原子沙漠上亮起的灯光

　　很多年前我参观了广岛和平纪念资料馆。那时作为一个企划展，展示了经历过原子弹爆炸的人画出的原子弹爆炸的画。以黑色和红色为主的画面较多，最后我看到了这幅画。在夕阳中，被烧成一片荒野的广岛市内，零零星星的有点起的灯光。这灯光作为一个在痛苦中的人们生存着的证据，也许正是走向复兴的表现。现如今，我们的日常生活中充满了人工灯光，而越来越感受不到灯本身所带有本质的魅力。通过这幅画，我深深地感受到了这微小灯光所能带给人的无尽感动。

作　　　者：田中仪作
画作景致时间：1945 年 9 月 10 日晚 8 点
地　　　点：从比治山山顶眺望西方
当　　　时：广岛铁路机动电气特设队队长　44 岁
（广岛和平纪念资料馆提供）

纸罩烛灯光环境计划　角馆政英

第一章　照明设计的构成方式

节序号	照明设计师	建筑等名称	照片序号	摄影（照片提供）
1.	梦幻光环境计划（股份公司） 角馆政英	岩手县大野村光環境整備	全	ぼんぼり光環境計画
2.	（股份公司）松下美纪照明设计事务所 松下美纪	市道赤坂826号線整備計画	①～③ ⑥～⑬	A.P.First 荒木義久
3.	中岛龙兴、福多佳子 亚洲的高速公路大桥	Bai Chay Bridge	①⑬⑮ 上記以外	清水建設・三井住友建設共同企業体 中島龍興照明デザイン研究所
4.	Tomita・Lighting Design・Office 富田泰行	女神大橋	①～⑤ ⑥～⑱	東芝ライテック トミタ・ライティングデザイン・オフィス
5.	内原智史设计事务所 内原智史	東京国際空港羽田第2ターミナル	①～⑩	金子俊男
6.	（股份公司）LightScapeDesignOffice 东宫洋美、山田圭太郎	D'グラフォート札幌ステーション タワー	①～④⑬⑮⑯ 上記以外	金子俊男 ライトスケープ・デザイン・オフィス
7.	Lighting Planners Associates 面出 薫	京都迎賓館	①～⑨ ⑩～⑲	金子俊男 ライティングプランナーズアソシエーツ
8.	岩井达弥光景设计 岩井达弥	国立新美術館	①～⑥、⑩～⑮ ⑦～⑨	岩井達弥 松下電工
9.	近田玲子设计事务所 近田玲子、高永 祥	九州国立博物館	①⑦ ②⑧ ④⑤⑥ 上記以外	山田照明 伊東 浩 松下電工 近田玲子デザイン事務所
10.	东京国立博物馆 设计工作室负责人 木下史青	「プライスコレクション 若冲と江戸絵画」展	全	木下史青
11.	ICE 都市环境照明研究所 武石正宣	川崎岡本太郎美術館	① ②⑧⑨⑩	日経デザイン・下川一哉 nacasa & partners
12.	Lighting M 森 秀人	南方熊楠顕彰館	全	森 秀人
13.	Iris Associates 小野田行雄、竹山枝里	日産先進技術開発センター	全	金子俊男
14.	LIGHTDESIGN INC. 东海林弘靖	日本工業大学百年記念館	①②③⑫ 上記以外	金子俊男 LIGHTDESIGN INC.
15.	for Lights 稻叶 裕、鸟居龙太郎	多摩大学グローバルスタディーズ 学部新学舎	全	FORLIGHTS　稲葉裕
16.	伊藤达男照明设计研究所 伊藤达男	有楽町マルイ	全	伊藤達男照明デザイン研究所
17.	SAWADA Lighting design&analysis 泽田隆一	成城コルティ	⑩⑪ 上記以外	製作協力：山田照明 サワダライティングデザイン&アナリシス
18.	（有限公司）Sirius Lighting Office 户恒浩人	浜離宮恩賜庭園	① 上記以外	金子俊男 シリウスライティングオフィス
19.	M&O 设计事务所 落合 勉	流山H邸	全	エアサイクル産業
20.	松下进建筑、照明设计室 松下 进	W-HOUSE	全	松下進建築・照明設計室

第二章　改变空间视觉的照明手法

节序号　照片序号　建筑物等名称　地点　设计　照明设计师　摄影（照片提供）

1. ① 拉斯韦加斯的赌场／アメリカ合衆国／／／小林茂雄
   ② 日本大学理工学院一号館咖啡厅／東京都千代田区神田駿河台／高宮眞介１号館建設委員会＋佐藤総合計画／岩井達弥光景デザイン／岩井達弥
   ③ F 公司办公室／東京都大田区／／岩井達弥光景デザイン／岩井達弥
   ④ 青叶亭　S-PAL 店／宮城県仙台市／阿部仁史／ぼんぼり光環境計画／ぼんぼり光環境計画
   ⑤ 丸龟市 猪熊源一郎美术馆／香川県丸亀市／谷口吉生／／谷内健太朗
   ⑥ Harmony Seven 管理楼／愛知県／大塚誠／ぼんぼり光環境計画／ぼんぼり光環境計画
   ⑦ FASHION SHOW MALL ／アメリカ合衆国／／／小林茂雄
   ⑧ Taliesin West ／アメリカ合衆国／フランク・ロイド・ライト／／小林茂雄
   ⑨ 博多日航酒店／福岡県福岡市／／／岩井達弥
   ⑩ 小美玉市四季文化馆 minole ／茨城県東茨城郡美野里町／水谷俊博／岩井達弥光景デザイン／岩井達弥
   ⑪ 阿拉伯世界研究所／フランス／ジャン・ヌーヴェル／／坂野真理子
   ⑫ PLAZA HOTEL AND CASINO ／アメリカ合衆国／／／小林茂雄
2. ① 查理·戴高乐机场／フランス　パリ／ポール・アンドリュー／／川端彩乃
   ② Nepsis 涩谷店／東京都渋谷区／／岩井達弥光景デザイン／岩井達弥
   ③ CANAL CITY 博多／福岡県福岡市／ジョン・ジャーディ／／谷内健太朗
   ④ 关021女性诊所／宮城県大崎市／阿部仁史／ぼんぼり光環境計画／ぼんぼり光環境計画
   ⑤ Q-AX ／東京都渋谷区／北山恒／ぼんぼり光環境計画／ぼんぼり光環境計画
   ⑥ 清水寺／京都府京都市東山区／／／谷内健太朗
   ⑦ 维也纳邮政储蓄所／オーストリア／オットー・ワーグナー／／小林茂雄
   ⑧ 曼谷塞万那普国际机场／タイ王国／ヘルムート・ヤーン／／山根拓馬
   ⑨ 冥想之森 市营斋场／岐阜県各務原市／伊東豊雄／ライトデザイン／小林茂雄
   ⑩ 东京国际论坛／東京都千代田区／ラファエル・ヴィニオリ／ライティング・プランナーズ・アソシエーツ／村中美奈子
   ⑪ 韦伦格火葬场／ドイツ／Axel Schultes ＋ Charlotte Frank ／／川端彩乃
   ⑫ 比萨斜塔／イタリア／／／味岡美樹
   ⑬ OKURA 饭店 东京湾／千葉県浦安市／／／岩井達弥
   ⑭ 横滨美术馆／神奈川県横浜市／丹下健三／／池部大陽
3. ① POLA 美术馆／神奈川県箱根町／日建設計／／小林研究室
   ② 松代雪国农耕文化村中心／新潟県十日町市／MVRDV ／／小林茂雄
   ③ F 公司 办公室／／／岩井達弥光景デザイン／岩井達弥
   ④ 地中美术馆／神奈川県箱根町／日建設計／／岩井達弥
   ⑤ 国立新美术馆／東京都港区／黒川紀章／岩井達弥光景デザイン／岩井達弥
   ⑥ CITY TOWER 高轮／東京都港区／KTGY ＋住友不動産＋安藤設計／ぼんぼり光環境計画／ぼんぼり光環境計画
   ⑦ 森美术馆／東京都港区／リチャード・グラックマン／／谷内健太朗
   ⑧ 八王子市艺术文化会馆 银杏厅／東京都八王子市／佐藤総合計画／ヤマギワ／ヤマギワ
   ⑨ 冥想之森 市营斋场／岐阜県各務原市／伊東豊雄／ライトデザイン／小林茂雄
   ⑩ 玉川高岛屋／東京都世田谷区／大江匡／プランテック総合計画事務所＋松田平田設計／／山根拓馬
   ⑪ 西田几多郎纪念哲学馆／石川県かほく市／安藤忠雄／／渡辺啓人
4. ① 京都市劝业场（miyako 博览会）／京都府京都市／川崎清／／谷内健太朗
   ② AGC 制造研究中心／横浜市鶴見区／竹中工務店／ぼんぼり光環境計画／ぼんぼり光環境計画
   ③ TOHO 影城 川崎／神奈川県川崎市／／／村中美奈子
   ④ 武藏野美术大学 workshop05 ／東京都小平市／／ぼんぼり光環境計画
   ⑤ 伦理研究所新富士高原研修所／静岡県御殿場市／内藤廣／土田純寛
   ⑥ J 宿舍／／三菱地所設計／ぼんぼり光環境計画／ぼんぼり光環境計画
   ⑦ 欧姆龙 草津／滋賀県草津市／竹中工務店／ぼんぼり光環境計画／ぼんぼり光環境計画
   ⑧ 北京 FELISSIMO 生活创意店／中華人民共和国／SAKO 建築設計工社／ぼんぼり光環境計画／ぼんぼり光環境計画
   ⑨ 柏悦酒店·首尔／大韓民国／スーパーポテト／ICE 都市環境照明研究所／ICE 都市環境照明研究所
   ⑩ 松本市民艺术馆／長野県松本市／伊東豊雄／ライトデザイン／渡辺啓人
   ⑪ 朗香教堂／フランス／ル・コルビュジエ／／中村芽久美
   ⑫ 大江户线饭田桥站／東京都千代田区／渡辺誠／／渡辺啓人
5. ① 新宿 Southern Terrace (TWINKLE SNOW) ／東京都新宿区／ぼんぼり光環境計画／ぼんぼり光環境計画
   ② 横滨中华街／神奈川県横浜市／／／小林研究室
   ③ 东京 Midtown ／東京都港区／／／野本真之
   ④ Sunpia 博多／福岡県福岡市／／ヤマギワ／ヤマギワ
   ⑤ 拉斯韦加斯的赌场／アメリカ合衆国／／／小林茂雄
   ⑥ VenusFort 彩灯装饰 2004 ／東京都江東区／岩井達弥光景デザイン／岩井達弥
   ⑦ 台场 AQUA CITY ／東京都港区／BT21 設計室／／谷内健太朗
   ⑧ Mirabell 宫殿／オーストリア共和国／フィッシャー・フォン・エルラッハ／／太田温子
   ⑨ 横滨 COSMOS WORLD ／神奈川県横浜市／石井幹子／谷内健太朗
   ⑩ Counter Void ／東京都港区／宮島達男／／山根拓馬
   ⑪ 芬兰咖啡厅／東京都世田谷区／／／谷内健太朗
   ⑫ 费尔蒙多 步行街／ラスヴェガス／／／小林茂雄
6. ① 京都音乐会大厅／京都府左京区／磯崎新アトリエ／／濱田祐也
   ② 熊本艺术广场苓北市民大厅／熊本県天草郡／阿部仁史＋小野田泰明／ぼんぼり光環境計画／ぼんぼり光環境計画
   ③ 台场 AQUA CITY ／東京都港区／BT21 設計室／／谷内健太朗
   ④ 三岛升学讨会／静岡県沼津市／鹿目久美子／ぼんぼり光環境計画／ぼんぼり光環境計画
   ⑤ 拉斯韦加斯赌场／アメリカ合衆国／／／小林茂雄
   ⑥ TAKEO Paper Show 99 ／西沢立衛／ぼんぼり光環境計画／ぼんぼり光環境計画
   ⑦ 冈本太郎美术馆／神奈川県川崎市／／ICE 都市環境照明研究所／ICE 都市環境照明研究所
   ⑧ 高台寺／京都府京都市／小堀遠州／／名取大輔
   ⑨ Tropicana Hotel & Casino ／アメリカ合衆国／／／小林茂雄

⑩ Rio 拉斯韦加斯／アメリカ合衆国／／／小林茂雄
⑪ 黒部市国際文化中心KORARE／富山県黒部市／新居千秋／土田純寬
⑫ 玉川高島屋／東京世田谷区／大江匡／ブランテック総合計画事務所＋松田平田設計／山根拓馬
7. ① 塞万那普国际机场／タイ王国／ヘルムート・ヤーン／／山根拓馬
② 厦门的公车站／中華人民共和国／／小林茂雄
③ 东京 MidTown／東京都港区／／谷内健太朗
④ 森美术馆／東京都港区／GMA／山根拓馬
⑤ 京都祇園／京都府／／／小林茂雄
⑥ 新干线 未来港口线／神奈川県横浜市／／村中美奈子
⑦ 东京 MidTown／東京都港区／／谷内健太朗
⑧ 六本木大楼／東京都港区／／山根拓馬
⑨ 东京 MidTown／東京都港区／／谷内健太朗
⑩ 蓬皮杜中心／フランス／レンゾ・ピアノ＋リチャード・ロジャース／／坂野真理子
⑪ 东云 Canal Court／東京都江東区／近田玲子／小林茂雄
⑫ 拉斯韦加斯赌场／アメリカ合衆国／／／小林茂雄
⑬ 东京 MidTown／東京都港区／／谷内健太朗
8. ① GALLERIA／東京都港区／／山根拓馬
② Queen's Square 横浜／神奈川県横浜市／日建設計＋三菱地所／ライティング・プランナーズ・アソシエーツ／大塚直
③ CityTower 高轮／東京都港区／KTGY＋住友不動産＋安藤設計／ぼんぼり光環境計画／ぼんぼり光環境計画
④ 羽田机场／東京都大田区／／竹内義雄
⑤ 拉斯韦加斯 Bally's／アメリカ合衆国／／／小林茂雄
⑥ 札幌 PARCO／北海道札幌市／鹿島建設／ぼんぼり光環境計画／ぼんぼり光環境計画
⑦ 美国 Gated Community／アメリカ合衆国／／／小林茂雄
⑧ Join Us！！（Installation）／東京都世田谷区／／／小林茂雄
⑨ Mandalay Place／／／／小林茂雄
⑩ Tiffany&Co. 銀座店／東京都中央区／／名取大輔
⑪ Garden Flag City／東京都江東区／三井建設／ぼんぼり光環境計画／ぼんぼり光環境計画
⑫ 大马士革旧街道／シリア・アラブ共和国／／／小林茂雄
9. ① 长崎县立美术馆／長崎県長崎市／隈研吾／谷内健太朗
② 丰田集団館（2005 爱知世博会）／愛知県／みかんぐみ／ぼんぼり光環境計画／ぼんぼり光環境計画
③ I-GARDEN AIR／東京都千代田区／トミタ・ライティング・デザイン・オフィス／平剛
④ 品川 InterCity／東京都品川区／日本設計／勝又亮
⑤ 横浜市火车道／神奈川県横浜市／／勝又亮
⑥ 东京湾岸仓储／東京都江東区／SAKO 建築設計工社／ぼんぼり光環境計画／ぼんぼり光環境計画
⑦ 埼玉新都心／埼玉県さいたま市／隈研吾／ぼんぼり光環境計画／ぼんぼり光環境計画
⑧ QUEEN'S SQUARE 横浜／神奈川県横浜市／日建設計＋三菱地所／ライティング・プランナーズ・アソシエーツ／吉ヶ江雅利
⑨ 京都の街道／京都府／／／吉ヶ江雅利
⑩ 地铁大江户线 六本木站／東京都港区／／／谷内健太朗
10. ① 环太平洋横滨港酒店东急／神奈川県横浜市／／谷内健太朗
② 藤井女性诊所／広島県広島市／／ぼんぼり光環境計画／ぼんぼり光環境計画
③ 东京 HOUSE 冈崎邸／東京都／阿部仁史／ぼんぼり光環境計画／ぼんぼり光環境計画
④ CROSS GATE／神奈川県横浜市／／勝又亮
⑤ 未来港口线横滨站／神奈川県横浜市／／橋本秀和
⑥ 金泽 21 世纪美术馆／石川県金沢市／妹島和世＋西沢立衛／中村友亮
⑦ 未来港口线 未来港口站／神奈川県横浜市／早川邦彦／トミタ・ライティング・デザイン・オフィス／村中美奈子
⑧ 施工现场／神奈川県横浜市／／／吉田麻友子
⑨ 未来港口线 未来港口站／神奈川県横浜市／早川邦彦／トミタ・ライティング・デザイン・オフィス／トミタ・ライティング・デザイン・オフィス
⑩ Nepsis／東京都渋谷区／／／岩井達弥
11. ① 仙台 media theque／宮崎県仙台市／伊東豊雄／ライティング・プランナーズ・アソシエーツ／小林研究室
② S 邸／／／ぼんぼり光環境計画／ぼんぼり光環境計画
③ Pacific Garden 茅之崎／神奈川県茅ヶ崎市／KTGY＋安宅設計／ぼんぼり光環境計画／ぼんぼり光環境計画
④ 日本大学理工学院 一号館／東京都千代田区／日本大学本部管財部＋佐藤総合計画／岩井達弥光景デザイン／岩井達弥
⑤ 新宿 NS 大厦／東京都新宿区／日建設計／／岩井達弥
⑥ 高松标志塔／香川県高松市／松田平田設計＋NTT ファシリティーズ＋A&T 建築研究所＋大成建設設計共同企業体／岩井達弥光景デザイン／岩井達弥
⑦ 东京大厦 TOKIA／東京都千代田区／三菱地所設計／岩井達弥光景デザイン／岩井達弥
⑧ 拉斐世界文化边／フランス／ジャン・ヌーヴェル／川端彩乃
⑨ 札幌 新干线 TOWER／北海道札幌市／日本設計／トミタ・ライティング・デザイン・オフィス／トミタ・ライティング・デザイン・オフィス
⑩ SIOSAITO 周边 高架桥／東京都港区／／勝又亮
⑪ 女神大桥／長崎県長崎市／／トミタ・ライティング・デザイン・オフィス／東芝ライテック
12. ① 光之国／新潟県十日町／ジェームズ・タレル／辻村典子
② 谷村美术馆／新潟県糸魚川市／村野藤吾／佐藤尚子
③ GettyMuseum／アメリカ合衆国／Richard Meier／岩井達弥
④ 广岛市现代美术馆／広島県広島市／黒川紀章／山根拓馬
⑤ RiverWalk 北九州／福岡県北九州市／ジョン・ジャーディ／谷内健太朗
⑥ 庇护之家／手塚建築研究所／ぼんぼり光環境計画／ぼんぼり光環境計画
⑦ K 邸／手塚建築研究所／ぼんぼり光環境計画／ぼんぼり光環境計画
⑧ R 邸／手塚建築研究所／ぼんぼり光環境計画／ぼんぼり光環境計画
⑨ 有开放式露台的饮食店／東京都世田谷区／／谷内健太朗
⑩ 国际花卉交流会馆／静岡県浜松市／／川端彩乃
⑪ 阿拉伯世界研究所／フランス／ジャン・ヌーヴェル／坂野真理子
⑫ CA4LA（渋谷）／東京都渋谷区／LINE／谷内健太朗
⑬ Comme des Garcons 青山店／東京都港区／川久保怜／谷内健太朗
⑭ Piuskirche Meggen 教堂／メッケン・スイス／フランツ・フュエーワ／坂野真理子
13. ① 国立长崎原子弹爆炸死难者追悼和平祈祷纪念馆／長崎県長崎市／栗生明／ライティング・プランナーズ・アソシエーツ／岩井達弥
② 东京主教堂圣玛利亚大教堂／東京都文京区／丹下健三／山根拓馬
③ GARDEN AIR／東京都千代田区／日建設計／トミタ・ライティング・デザイン・オフィス／平剛

④ 柏林 犹太博物馆／德国联邦共和国／Studio Daniel Libeskind／／川端彩乃
⑤ 卢浮宫美术馆／フランス／フィリップ・オーギュスト／／中村芽久美
⑥ 光之教会／大阪府茨木市／安藤忠雄／／中村芽久美
⑦ 纽约时代广场／アメリカ合衆国／／／渡辺啓人
⑧ 六本木榉木坂／東京都港区／／内原智史／津田智史
⑨ Deep Blue／東京都世田谷区／／武蔵工業大学建築学科／東京の夜景
⑩ 东京塔 粉色彩灯／東京都港区／／内藤多仲＋日建設計／山根拓馬
14. ① MIKIMOTO GINZA2／東京都中央区／伊東豊雄／ライトデザイン／山根拓馬
② cross gate／神奈川県横浜市／久米設計／／勝又亮
③ 涩谷站／東京都渋谷区／／／谷内健太朗
④ 新宿歌舞伎町招牌／東京都新宿区／／／大塚直
⑤ 拉斯韦加斯的招牌／アメリカ合衆国／／／小林茂雄
⑥ Q-FRONT／東京都渋谷区／／／谷内健太朗
⑦ LOUIS VUITTON 名古屋荣店／愛知県名古屋市／青木淳／／田中佑典
⑧ PRADA 青山店／東京都港区／ヘルツォーク＆ド・ムーロン／／名取大輔
⑨ CHANEL 银座店／東京都中央区／ピーター・マリーノ＋アソシエイツ アーキテクト／／名取大輔
⑩ LOUIS VUITTON 六本木店／東京都港区／／／名取大輔
⑪ Christian Dior 银座店／東京都中央区／乾久美子／／名取大輔
⑫ Cartier 青山店／東京都港区／ブルーノ・モワナー／／名取大輔
⑬ UNIQLO 银座店／東京都中央区／クライン・ダイサム・アーキテキツ／株式会社FDS／名取大輔
15. ① 六本木建筑群／東京都港区／森ビル／／山根拓馬
② 扬基公园／兵庫県神戸市／／／名取大輔
③ 晴海客运码头／東京都中央区／竹山実／岩井達弥光景デザイン／岩井達弥
④ 卢浮宫美术馆玻璃金字塔／フランス／I.M.ペイ／／渡辺啓人
⑤ 国立新美术馆／東京都港区／黒川紀章／岩井達弥光景デザイン／山根拓馬
⑥ 清水寺／京都府京都市／延鎮上人／／谷内健太朗
⑦ 红砖仓库／神奈川県横浜市／新居千秋／／勝又亮
⑧ 梅田蓝天大厦／大阪府北区／原広司／／岩井達弥
⑨ 绿洲21／愛知県名古屋市／日建設計／／山根拓馬
⑩ 银座 和光／東京都中央区／渡辺仁／／山根拓馬
⑪ 札幌电视塔／北海道札幌市／内藤多仲／／武山知弘
⑫ 冰川丸／神奈川県横浜市／／／谷内健太朗
16. ① 东京塔／東京都港区／内藤多仲＋日建設計／石井幹子／坂野真理子
② 富山市八尾町／富山県富山市／／ぼんぼり光環境計画＋武蔵工大小林研究室／角舘政英
③ 布达佩斯／ハンガリー／／／小林茂雄
④ 长崎／長崎県長崎市／／／池部大陽
⑤ 福建省龙岩市／中国福建省龍岩市／／／小林茂雄／福建省龍岩市／／／小林茂雄
⑥ luxor sky beam／アメリカ合衆国／／／小林茂雄
⑦ SHIBUYA 109／東京都渋谷区／竹山実／／谷内健太朗
⑧ 斯特凡大教堂／オーストリア・ウィーン／／／小林茂雄
⑨ 一号国道线／東京都／／／川端彩乃
⑩ 纽约百老汇／アメリカ合衆国／／／小林茂雄
⑪ 明石海峡大桥／兵庫県神戸市／／石井幹子／井村英真

第三章　打动人心的照明手法

节序号	照片序号	建筑物等名称　地点　设计　照明设计师　摄影（照片提供）

1. ① 东云 kyanaru 公寓／東京都江東区／／近田玲子／山根拓馬
② 曽根邸／埼玉県／根岸俊雄／岩井達弥光景／岩井達弥
③ The Gift of Lights／アメリカ合衆国／／／小林茂雄
④ RPG 大厦／東京都／スタジオヴォイド／ぼんぼり光環境計画／ぼんぼり光環境計画
⑤ MGM Grand Las Vegas／アメリカ合衆国／／／小林茂雄
⑥ Santa Fe 的住宅（圣达菲家园）／アメリカ合衆国／／／小林茂雄
⑦ twin parks 汐留／東京都港区／三菱地所設計／ぼんぼり光環境計画／ぼんぼり光環境計画
⑧ 五岛纪念馆／東京都世田谷区／／／東京の夜景
⑨ twin parks 汐留／東京都港区／三菱地所設計／ぼんぼり光環境計画／ぼんぼり光環境計画
⑩ 川越市一号街道／埼玉県川越市／ぼんぼり光環境計画／ぼんぼり光環境計画／ぼんぼり光環境計画
⑪ syeruguran 成田／千葉県成田市／ぼんぼり光環境計画／ぼんぼり光環境計画／ぼんぼり光環境計画
⑫ Berrick Hall(贝利克会馆)／神奈川県横浜市／ぼんぼり光環境計画＋武蔵工大小林研究室／小林研究室
⑬ 六本木建筑群／東京都港区／森ビル／／村中美奈子
⑭ Paris Las Vegas／アメリカ合衆国／／／小林茂雄
2. ① 六本木建筑群／東京都港区六本木／森ビル／／谷内健太朗
② 东京国际广场／東京都千代田区／ラファエル・ヴィニオリ／ライティング・プランナーズ・アソシエーツ／村中美奈子
③ Alpha Resort Tomamu／北海道勇払郡占冠村字中トマム／上原秀晃／ヤマギワ／ヤマギワ
④ 六本木建筑群／東京都港区六本木／森ビル／／山根拓馬
⑤ 21-21DESIGN SITE 通道／東京都港区／安藤忠雄／／谷内健太朗
⑥ 东京大厦 TOKIA／東京都千代田区／三菱地所設計／／村中美奈子
⑦ 横滨红砖仓库／神奈川県横浜市中区／新居千秋／／勝又亮
⑧ 青叶邸／宮城県仙台市／阿部仁史／ぼんぼり光環境計画／ぼんぼり光環境計画
⑨ 藤井女士门诊／群馬県太田市／アマテラス／ぼんぼり光環境計画／ぼんぼり光環境計画
⑩ 月岛／東京都中央区／／／池部大陽
3. ① 涩谷 饮食店／東京都渋谷区／／／山根拓馬
② 武蔵工業大学 14 号館／東京都世田谷区／岩崎堅一／／山根拓馬

③ 东京国际广场／东京都千代田区／ラファエル・ヴィニオリ／ライティング・プランナーズ・アソシエーツ／谷内健太朗
④ FRAME ／東京都／／／山根拓馬
⑤ M-SPO ／東京都渋谷区／／／谷内健太朗
⑥ Grand Mall 公园圆形广场／神奈川県横浜市／／／勝又亮
⑦ sony building ／東京都／芦原義信／／今井香織
⑧ 新风馆／京都府京都市／清水建設／／名取大輔
⑨ Thomas&Mark Center ／アメリカ合衆国／／／小林茂雄
⑩ 门司港车站前／福岡県北九州市／／／小林研究室
⑪ 21-21DESIGN SITE 通道／東京都港区／安藤忠雄／／谷内健太朗
⑫ 台场／東京都港区／／／谷内健太朗
⑬ 东京大厦 TOKIA ／東京都千代田区／三菱地所設計／／山根拓馬

4. ① 多层方木盒式房子／東京都／手塚建築研究所／ぼんぼり光環境計画／ぼんぼり光環境計画
② 延伸向天空的房子／神奈川県川崎市宮前区／手塚建築研究所／ぼんぼり光環境計画／ぼんぼり光環境計画
③ 城市大厦（城塔）高轮／東京都港区高輪一丁目／安井建築設計事務所／ぼんぼり光環境計画／ぼんぼり光環境計画
④ 曽根邸／埼玉県／岩井達弥光景デザイン／岩井達弥
⑤ 东京 twin parks ／東京都港区／三菱地所設計／ぼんぼり光環境計画／ぼんぼり光環境計画
⑥ 东光园／鳥取県米子市／菊竹清訓／平野翔太
⑦ 珍宝岛／アメリカ合衆国／／／小林茂雄
⑧ Cafe Banda ／東京都渋谷区／／大塚直
⑨ The Arizona Biltmore Resort ／アメリカ合衆国／フランク・ロイド・ライト／／小林茂雄
⑩ The Venetion Resort Hotel ＆ Casino ／アメリカ合衆国／／／小林茂雄
⑪ 庭院中的日本料理店／／／／小林研究室

5. ① 弗里蒙特街道／アメリカ合衆国／／／小林茂雄
② 拉斯韦加斯的赌场／アメリカ合衆国／／／小林茂雄
③ Club Lizard YOKOHAMA ／神奈川県横浜市／／／谷内健太朗
④ 拉斯韦加斯的餐厅／アメリカ合衆国／／／小林茂雄
⑤ Café Sora ／東京都世田谷区／岩崎堅一／武蔵工大小林研究室／池田圭介
⑥ 意大利餐厅・希洛・普里莫／東京都千代田区／岩井達弥光景デザイン／岩井達弥
⑦ 涉谷 AX ／東京都渋谷区／みかんぐみ／ぼんぼり光環境計画／ぼんぼり光環境計画
⑧ 泰特现代美术馆／イギリス／／ Olafur Eliasson ／中村芽久美
⑨ Rio Suites Hotel Casino ／アメリカ合衆国／／／小林茂雄

6. ① 毛利　Salvatore ／東京都港区六本木／伊藤賢二（マックスレイ）／山根拓馬
② 青叶亭／宮城県仙台市／阿部仁史／ぼんぼり光環境計画／ぼんぼり光環境計画
③ 伊达的牛坛・宮城故乡 plaza 店／東京都豊島区東池袋／阿部仁史／ぼんぼり光環境計画／ぼんぼり光環境計画
④ 拉斯韦加斯的餐厅／アメリカ合衆国／／／小林茂雄
⑤ 拉斯韦加斯的餐厅／アメリカ合衆国／／／小林茂雄
⑥ Hotel Del Coronado ／アメリカ合衆国／／／小林茂雄
⑦ 毛利　Salvatore ／東京都港区六本木／伊藤賢二（マックスレイ）／谷内健太朗
⑧ 自由之丘的餐馆／東京都目黒区／／／小林茂雄
⑨ 茶座　城之眼／香川県高松市／山本忠司／／谷内健太朗
⑩ 六本木的餐馆／東京都港区六本木／／／山根拓馬
⑪ 季风 café 台场／東京都港区台場／／／山根拓馬
⑫ Bar 524 ／東京都世田谷区／／／山根拓馬

7. ① 北九州市立中央图书馆／福岡県北九州市小倉北区／磯崎新／／谷内健太朗
② 日本大学理工学院骏河台一号馆／東京都千代田区神田駿河台／／岩井達弥光景デザイン／岩井達弥
③ 埼玉県町终生学习中心／埼玉県北埼玉郡騎西町／佐藤総合計画／岩井達弥光景デザイン／岩井達弥
④ Community College of Southern Nevada ／アメリカ合衆国／／／小林茂雄
⑤ 富士幼儿园／東京都立川市上砂町／手塚建築研究所／ぼんぼり光環境計画／太田温子
⑥ 埼玉県町终生学习中心／埼玉県北埼玉郡騎西町／佐藤総合計画／岩井達弥光景デザイン／岩井達弥
⑦ 万宝至马达总公司大厦／千葉県松戸市松飛台／／イリス・アソシエーツ／イリス・アソシエーツ
⑧ 仙台媒体中心／宮城県仙台市青葉区／伊東豊雄／ライティング・プランナーズ・アソシエーツ／山根拓馬
⑨ 某办公大楼／／／ヤマギワ／ヤマギワ
⑩ 横浜的保育园／神奈川県横浜市／みかんぐみ／イリス・アソシエーツ／イリス・アソシエーツ
⑪ 武蔵工业大学图书馆／東京都世田谷区／岩崎堅一／／谷内健太朗
⑫ come office ／伊藤陸川設計室／ヤマギワ／ヤマギワ

8. ① 相仓村五山／富山県富山市／／／ぼんぼり光環境計画＋武蔵工大小林研究室／小林研究室
② 八户市／／／村中美奈子
③ 自由大道／東京都目黒区／／／山根拓馬
④ 自由之丘停车场／東京都目黒区／／／谷内健太朗
⑤ 富山市八尾町／富山県富山市／／ぼんぼり光環境計画＋武蔵工大小林研究室／津田智史
⑥ 横浜市绿区／神奈川県横浜市／／／吉ケ江雅利
⑦ 祇园／京都府京都市／／／池部大陽
⑧ BEAMS 町田店／東京都町田市／／／田中省吾
⑨ 便利店／東京都世田谷区／／／吉ケ江雅利
⑩ 消防队的回转灯／東京都世田谷区／／／山下悠輔
⑪ 住宅的玄关灯／東京都世田谷区／／／吉ケ江雅利

9. ① 红砖公园／神奈川県横浜市／／／村中美奈子
② Bellagio Hotel and Casio ／アメリカ合衆国／／／小林茂雄
③ rarapoto 丰洲／東京都江東区／東京都江東区／／吉田桃子
④ 横浜港大栈桥客船码头／神奈川県横浜市／ foa ／津田智史
⑤ 横浜港口未来／神奈川県横浜市／／／津田智史
⑥ 羽田机场／東京都大田区／／／津田智史
⑦ danoi ／東京都港区／／／山根拓馬
⑧ TMS ／東京都目黒区／／／谷内健太朗
⑨ 芬兰 café ／東京都世田谷区／／／谷内健太朗
⑩ 季风 café ／東京都港区／／／山根拓馬

⑪ Bar 524 ／東京都世田谷区／／／今井香織
10. ① **埼**玉新都心连廊／埼玉県さいたま市／／ぼんぼり光環境計画／ぼんぼり光環境計画
② 丸亀市猪熊弦一郎 現代美術館前广场／香川県丸亀市／ピーター・ウオーカー／／鈴木雄
③ 玉川高島屋 SC ／東京都世田谷区／大江匠／ブランテック総合計画事務所＋松田平田設計／／山根拓馬
④ 品川车站前广场／東京都港区／／／小林茂雄
⑤ 马车道车站／神奈川県横浜市／内藤廣／／勝又亮
⑥ 品川中心公園／東京都港区／松田平田設計／／小林茂雄
⑦ 玉川高島屋 SC ／東京都世田谷区／大江匠／ブランテック総合計画事務所＋松田平田設計／谷内健太朗
⑧ 品川中心公園／東京都港区／松田平田設計／／勝又亮
⑨ 六本木建筑群／東京都港区／森ビル／／小林研究室
⑩ 六本木建筑群／東京都港区／森ビル／／小林研究室
⑪ 拉斯韦加斯的酒吧／アメリカ合衆国／／／小林茂雄
⑫ 北京白杨／中国北京市／SAKO 建築設計工社／ぼんぼり光環境計画／ぼんぼり光環境計画
11. ① 2004 年东京 designers week ／／／／辻村典子
② 活动会场的信息板／東京都世田谷区／武蔵工業大学建築学科／小林茂雄
③ 彭博冰（bloomberg ice）／東京都千代田区丸の内／／クライン・ダイサム・アーキテクツ／辻村典子
④ 新宿 MIROUDO BOX ／東京都新宿区／／／谷内健太朗
⑤ Café Sora ／東京都世田谷区／岩崎堅一／武蔵工業大学建築学科／池田圭介
⑥ 前华沙市政府／ポーランド／／／小林茂雄
⑦ 影子游戏／東京都世田谷区／／武蔵工業大学建築学科／小林研究室
⑧ 彩色影子／東京都世田谷区／／武蔵工業大学建築学科／小林研究室
⑨ 运河城市博多／福岡県福岡市／ジョン・ジャーディ／／古賀隆文
⑩ 甜点王国／東京都渋谷区／／／谷内健太朗
⑪ 表达恋情的装置／東京都世田谷区／／武蔵工業大学建築学科／東京の夜景
12. ① 太阳光／瀬戸内海／／／谷内健太朗
② 朝阳／瀬戸内海／／／谷内健太朗
③ 国立霞之丘竞技场／東京都新宿区／／／武山知弘
④ Bar 524 ／東京都世田谷区／／／谷内健太朗
⑤ 夕阳／日本海／／／谷内健太朗
⑥ 让纳雷别墅／フランス／／／渡辺啓人
⑦ T 邸／神奈川県川崎市／谷内正建／／谷内健太朗
⑧ 马头町广重美術館／栃木県／隈研吾／／松永咲子
⑨ 金沢 21 世紀美術館／石川県金沢氏／SANAA ／／相原彬誉
⑩ 海蓝宝石福岛／福島県いわき市／日本設計／／峯村和裕
⑪ 丸亀市猪熊弦一郎美術館／香川県丸亀市／谷口吉生／／谷内健太朗
⑫ 森林学校 kyororo ／新潟県十日町市／手塚建築研究所／／金井美樹